Kavya Kamalakarrao Saraf
Shivakumar D
Veeramma G. Math

Gestão dos resíduos biomédicos de alguns hospitais em Kalaburagi, Karnataka

Kavya Kamalakarrao Saraf
Shivakumar D
Veeramma G. Math

Gestão dos resíduos biomédicos de alguns hospitais em Kalaburagi, Karnataka

ScienciaScripts

Imprint

Cover image: www.ingimage.com

This book is a translation from the original published under ISBN 978-620-8-06495-2.

Publisher:
Sciencia Scripts
is a trademark of
Dodo Books Indian Ocean Ltd. and OmniScriptum S.R.L publishing group

120 High Road, East Finchley, London, N2 9ED, United Kingdom
Str. Armeneasca 28/1, office 1, Chisinau MD-2012, Republic of Moldova, Europe
Printed at: see last page
ISBN: 978-620-8-23790-5

Conteúdo

Dedicado ao nosso guia, Dr. MURLI JADESH

Pelo seu apoio e liberdade de investigação, fé e inacreditável cuidado parental que sentimos ao longo destes anos

CAPÍTULO I

INTRODUÇÃO

PORMENORES SOBRE A CIDADE DE GULBARGA

Geral

A cidade de Gulbarga é a sede da divisão de cinco distritos fiscais de Gulbarga, Bidar, Raichur, Bellary e Koppal. Situa-se na secção de Bombaim-Chennai da Central Railway e fica a 640 km de Bangalore, a capital de Karnataka. Está suficientemente desenvolvida nos domínios da educação, do comércio e da indústria. Existem muitos institutos de ensino, incluindo duas faculdades de engenharia e uma faculdade de medicina, que são filiadas na Universidade de Gulbarga. A cidade tem a estação de rádio All India, um centro de transmissão de televisão e um centro de micro-ondas. Tem também dois centros religiosos, o templo Sri Sharanabasaveshwara e o Hazarath Khaja Banda Nawaz Darga. A cidade tem quatro hospitais principais, conhecidos pelos nomes de Hospital Geral (Civil) do Governo, Hospital Sri Basaveshwara, Hospital K. B. N. e Hospital Sangameshwara. Foram instaladas pequenas unidades de saúde nas zonas urbanas da cidade.

Configuração

A cidade está situada a uma latitude de 70°-20° e a uma longitude de 76°-59°. Tem uma inclinação geral de Noroeste para Sudeste. A cidade situa-se entre os centros 478,53 metros (1570 pés) e 445 metros (1460 pés)

Clima

A circulação de ar perto do nível do solo, especialmente nos interiores, é muito fraca, o que impede a mistura e a diluição, devido à má disposição das ruas no que respeita à circulação do ar. O clima é geralmente quente durante a maior parte do ano. A temperatura máxima no verão ronda os 42^0 C a 45^0 C de março a maio e $10\text{-}15^0$ C em dezembro. A estação das chuvas ocorre de junho a outubro, seguida da estação do inverno, de novembro a janeiro.

Os hospitais são instituições de saúde que prestam serviços de assistência aos doentes. É a prestação de serviços de cuidados aos doentes. É dever dos hospitais e dos estabelecimentos de saúde zelar pela saúde pública. Isto pode ser feito diretamente através dos cuidados prestados aos doentes ou indiretamente, assegurando um ambiente limpo e saudável para os seus empregados e para a comunidade. No processo de prestação de cuidados de saúde, são gerados resíduos que normalmente incluem material cortante, tecidos humanos ou partes do corpo e outros materiais infecciosos, também designados por "resíduos sólidos hospitalares" ou "resíduos sólidos biomédicos", que dizem respeito não só às autoridades hospitalares e aos lares de idosos, mas também ao ambiente. Os resíduos biomédicos gerados pelas unidades de cuidados de saúde dependem de uma série de factores, como os métodos de gestão de resíduos, o tipo de unidades de cuidados de saúde, o acompanhamento das unidades de cuidados de saúde, a especialização das unidades de cuidados de saúde, a proporção de artigos reutilizáveis em utilização, a disponibilidade de infra-estruturas e recursos, etc.

A gestão adequada dos resíduos biomédicos tornou-se atualmente um tema humanitário mundial. Embora os perigos de uma má gestão dos resíduos biomédicos tenham suscitado preocupação em todo o mundo, especialmente à luz dos seus efeitos de longo alcance sobre o ser humano, a saúde e o ambiente.

Atualmente, é um facto bem estabelecido que existem muitos efeitos adversos e prejudiciais para o ambiente, incluindo o ser humano, que são causados pelos "resíduos hospitalares" gerados durante os cuidados prestados aos doentes. Os resíduos hospitalares constituem um perigo potencial para a saúde dos profissionais de saúde, do público, da flora e da fauna da zona. Os problemas da eliminação de resíduos nos hospitais e noutras instituições de cuidados de saúde tornaram-se questões de preocupação crescente.

Definição

De acordo com as Regras sobre Resíduos Biomédicos (Gestão e Manuseamento), 1998, da Índia, "qualquer resíduo gerado durante o diagnóstico, tratamento ou imunização de seres humanos ou animais, ou em actividades de investigação relacionadas com esse tratamento, ou na produção ou ensaio de produtos biológicos".

O Governo da Índia (notificação, 1998) especifica que a gestão dos resíduos hospitalares faz parte das actividades de higiene e manutenção dos hospitais. Envolve a gestão de uma série de actividades, que são principalmente funções de engenharia, como a recolha, o transporte, o funcionamento ou o tratamento de sistemas de processamento e a eliminação de resíduos.

A Organização Mundial de Saúde afirma que 85% dos resíduos hospitalares são efetivamente não perigosos, enquanto 10% são infecciosos e 5% são não infecciosos, mas estão incluídos nos resíduos perigosos. Cerca de 15% a 35% dos resíduos hospitalares estão regulamentados como resíduos infecciosos. Este intervalo depende da quantidade total de resíduos produzidos.

A eliminação de resíduos biomédicos surgiu como um grande problema na Índia. O público está cada vez mais preocupado com a eliminação incorrecta de resíduos perigosos e os resíduos biomédicos continuam a ser manuseados e eliminados juntamente com os resíduos domésticos, criando assim um grande risco para a saúde pública e para o ambiente.

A situação atual da gestão dos resíduos biomédicos num país democrático em desenvolvimento como a Índia é sombria. Lakshmi (2003), no principal jornal nacional do país, relata que, apesar de existirem regras que estipulam o método de eliminação segura dos resíduos biomédicos (RMB), os resíduos hospitalares continuam a ser, em grande parte, depositados a céu aberto, à espera de serem recolhidos juntamente com os resíduos gerais. De acordo com a Organização Mundial de Saúde (Biomedical wastes, 2004), o elemento humano é mais importante do que a tecnologia por si só. Quase todos os sistemas que requerem tratamento e eliminação e que são operados por pessoal bem treinado e motivado oferecem mais proteção ao pessoal, aos doentes e à comunidade do que um sistema caro ou sofisticado que é gerido por pessoal que não compreende os riscos e a importância da sua contribuição (Biomedical wastes, 2004). O estudo realizado pelo Central Pollution Control Board

(CPCB), um organismo de controlo da poluição de topo, sobre as incineradoras dos hospitais de Deli, conclui que as incineradoras emitiam um elevado nível de resíduos mortais e de emissões tóxicas, tais como dioxinas e furanos cancerígenos, para além de produtos químicos que provocam anomalias neonatais, perturbações reprodutivas e cutâneas, desregulação endócrina e supressão do sistema imunitário, relata Krishna do Independent Media Centre India (2004). O mesmo autor constata que a reutilização/reciclagem de resíduos biomédicos está a ser praticada devido a

i. Rendimentos monetários lucrativos

ii. Falta de sensibilização para os problemas associados aos resíduos biomédicos. O cerne de tudo isto pode dever-se à falta de sensibilização e de apreço por parte do pessoal médico e dos residentes, bem como do público; à inadequação das instalações existentes e à falta de uma aplicação rigorosa das regras, tendo em conta a enorme população do país.

A gestão dos resíduos biomédicos é um caso especial em que os perigos e riscos existem não só para os produtores e operadores mas também para a comunidade em geral. Na Índia, há cerca de 1,6 milhões de trabalhadores do sector da saúde em aproximadamente 2.75.000 estabelecimentos de saúde (Shah et al., 2001).

Não é possível tomar qualquer decisão racional sobre a gestão de resíduos enquanto não se conhecer a produção e a composição dos resíduos sólidos. Os métodos de eliminação, que podem ser condicionados por proporções de materiais reciclados, degradáveis e não degradáveis (Trivedi e Ref. 1992).

Não há experiência em nenhum lugar do mundo que possa fornecer soluções prontas e relevantes para as situações actuais, e não há nenhum atalho para desenvolvermos modelos de segurança e de sustentabilidade de grupo.

Os resíduos biomédicos produzidos nos hospitais do país são simplesmente despejados juntamente com o lixo municipal sem qualquer tratamento especial, de acordo com um estudo recente que avalia o Conselho Central de Controlo da Poluição (CPCB). De facto, quase 15 000 hospitais foram notificados por incumprimento das regras de gestão dos resíduos.

Para uma gestão adequada dos resíduos biomédicos, o Ministério do Ambiente e das Florestas promulgou as regras relativas aos resíduos biomédicos (gestão e manuseamento) de 1998. Estas regras têm por objetivo melhorar a gestão global dos resíduos das instalações de cuidados de saúde na Índia.

Foi salientado que, para a eliminação correta dos resíduos biomédicos, a introdução de leis não é suficiente. A sensibilização para estas leis não é suficiente. É essencial a consciencialização do público em geral para estas leis, bem como o desenvolvimento de políticas e a aplicação de medidas que respeitem estas leis.

O presente estudo tenta descobrir a situação real da sensibilização, dos conhecimentos, das práticas de atitude e da gestão dos resíduos biomédicos em 5 grandes hospitais da cidade de Gulbarga.

A lista selecionada de hospitais na cidade de Gulbarga

Hospital Geral do Governo

1. Hospital de Basaveshwar
2. Hospital Dhanavantri
3. Hospital Vaatasalya
4. Hospital KBN

CAPÍTULO II

MATERIAIS E MÉTODOS

a) Avaliação dos procedimentos operacionais

Foi efectuado um levantamento geral dos procedimentos operacionais praticados no manuseamento e tratamento dos resíduos biomédicos para avaliar a sua conformidade com as normas e procedimentos legais em vigor, de acordo com as regras de gestão dos resíduos biomédicos de 1998.

b) Determinação quantitativa dos resíduos

Para a determinação dos resíduos biomédicos gerados em diferentes locais do centro de estudo, foram seguidos os seguintes passos

i. O pessoal de apoio de cada enfermaria/laboratório/departamento foi informado sobre a natureza da assistência e do apoio necessários para determinar a quantidade de resíduos durante o período de estudo.

ii. Os resíduos sólidos de ambos os tipos (infecciosos e não infecciosos) foram pesados individualmente numa balança de mola suspensa (± 10 g) com a ajuda do pessoal e o peso foi registado.

iii. Cada caixote de lixo ou saco de lixo codificado por cores destinado à recolha de resíduos específicos em cada enfermaria e laboratório foi pesado e registado.

iv. As quantidades de resíduos infecciosos e não infecciosos foram registadas em cada enfermaria, OPD (laboratório de cada linha durante 7 dias num hospital para obter uma imagem completa da gestão de resíduos nesse hospital).

Separação dos resíduos biomédicos em conformidade com as regras relativas aos resíduos biomédicos (gestão e manuseamento) de 1998

Código de cores	Tipo de resíduos recolhidos
Vermelho	Plásticos infectados - cateteres, cânulos, seringas, luvas, sacos de sangue, tubos, frascos e outros plásticos infectados, resíduos microbiológicos de laboratórios patológicos e resíduos gerados a partir de artigos descartáveis que não sejam objectos cortantes, etc.
Amarelo	Resíduos infecciosos resíduos anatómicos humanos, resíduos microbiológicos de laboratórios patológicos, artigos contaminados com sangue e fluidos corporais.
Preto	Resíduos químicos - (Resíduos não infecciosos e não perigosos) - Insecticidas, desinfectantes, fumigantes, recipientes de produtos químicos, termómetros avariados, resíduos radioactivos, resíduos citotóxicos, cinzas de incineradores, medicamentos fora de prazo e outros produtos químicos.
Azul	Vidro infetado inteiro e vidro partido, tubos de ensaio, ampolas, frascos e garrafas de amostras.
Branco	Resíduos recicláveis não infectados - Copos descartáveis, pratos, cartão, recipientes de metal, papel, plásticos não infecciosos e outros materiais recicláveis.
Verde	Resíduos biodegradáveis não infectados. Restos de comida, cascas de legumes e de fruta, cascas de ovos, carne, peixe e outros produtos biodegradáveis.

CAPÍTULO III

O PROBLEMA DOS RESÍDUOS DE CUIDADOS DE SAÚDE OU A NECESSIDADE DE UM SISTEMA DE GESTÃO DE RESÍDUOS BIOMÉDICOS NOS HOSPITAIS

Os resíduos de cuidados de saúde (HCWs) são todos os resíduos gerados em instalações de cuidados de saúde e de investigação na área da saúde e em laboratórios associados. Os diferentes tipos de resíduos de cuidados de saúde e exemplos de cada tipo são apresentados no quadro. A maior parte dos RHC são "resíduos comuns" - resíduos sólidos gerados por operações administrativas, de limpeza, relacionadas com a cozinha e de manutenção das instalações de cuidados de saúde. Estes resíduos podem normalmente ser tratados através do sistema local de gestão de resíduos sólidos. Outros HCW são os objectos cortantes e os resíduos com caraterísticas infecciosas, perigosas, radioactivas ou genotóxicas, potencialmente perigosas para os seres humanos e o ambiente. Estes HCWs mais perigosos - chamados "resíduos biomédicos" (BMWs) na Índia - constituem apenas uma pequena fração do fluxo total de resíduos, mas a sua presença exige uma gestão cuidadosa.

Uma questão importante relacionada com a atual gestão dos resíduos biomédicos em muitos hospitais é que a aplicação da regulamentação relativa aos resíduos biológicos é insatisfatória, uma vez que alguns hospitais estão a eliminar os resíduos de forma aleatória, imprópria e indiscriminada. A falta de práticas de separação resulta na mistura de resíduos hospitalares com resíduos gerais, tornando perigoso todo o fluxo de resíduos. Uma segregação inadequada resulta, em última análise, num método incorreto de eliminação de resíduos.

Classificação dos resíduos biomédicos

A Organização Mundial de Saúde (OMS) classificou os resíduos hospitalares em oito categorias:

- Resíduos gerais
- Patológico
- Radioativo
- Química
- Resíduos infecciosos a potencialmente infecciosos
- tubarões
- Produtos farmacêuticos
- Contentores pressurizados

Fontes de resíduos biomédicos

Os hospitais produzem resíduos, cuja quantidade e tipo têm vindo a aumentar ao longo dos anos. Os resíduos hospitalares, para além de constituírem um risco para os doentes e para o pessoal que os manuseia, representam também uma ameaça para a saúde pública e para o ambiente.

Principais fontes

- Hospitais públicos/ hospitais privados/ lares de idosos/ dispensários.
- Centros de saúde primários.
- Faculdades de medicina e centros de investigação/serviços paramédicos.
- Faculdades de veterinária e centros de investigação animal.
- Bancos de sangue, necrotérios e centros de autópsia.
- Instituições de biotecnologia.
- Unidades de produção.

Fontes menores

- Clínicas de médicos/dentistas
- Casas de animais/abatedouros.
- Campos de doação de sangue.
- Centros de vacinação.
- Acupuncturistas/clínicas psiquiátricas/piercing cosmético.
- Serviços funerários.
- Instituições para pessoas com deficiência

Exposição e risco dos resíduos biomédicos

As fontes de BMW em instalações de cuidados de saúde incluem enfermarias, salas de parto, blocos operatórios, serviços de urgência e ambulatórios, laboratórios e armazéns de produtos farmacêuticos e químicos. As pessoas em risco de exposição incluem os trabalhadores das instalações de cuidados de saúde (médicos, enfermeiros, assistentes de cuidados de saúde, pessoal de manutenção e pessoal de apoio ao manuseamento de resíduos, transporte e lavandaria, doentes e seus visitantes, e trabalhadores das instalações de gestão de resíduos e catadores).

Potenciais impactos (riscos) associados aos resíduos hospitalares

A. Os perigos para a saúde relacionados com os resíduos hospitalares podem ser os seguintes

i. Lesões e acidentes

Existe um risco de lesões relacionadas com o manuseamento e o transporte de resíduos hospitalares pelo transportador de resíduos e/ou pelo operador de limpeza. Por exemplo, lesões por corte, perfuração, laceração, tensão e entorse das articulações dos membros e dores nas costas devido ao transporte da carga.

Akter et al., (1998) referiram que se registaram vários incidentes (10 casos em 17) de lesões devido à exposição a resíduos hospitalares dentro ou fora das instalações do hospital.

Estas foram as seguintes:

- Mãos cortadas devido ao manuseamento de vidro partido
- Ferido por uma agulha e os dedos ficaram permanentemente danificados/curvados
- A mão direita ficou paralisada devido a um ferimento provocado por uma agulha
- Duas pernas ficaram paralisadas devido à lesão provocada pela agulha
- Doenças de pele nas pernas e mãos/corpo
- Pus devido a lesão, por vezes

- Úlcera nas pernas

Segundo a BAN & HCWH (1999), os objectos cortantes, que incluem seringas e agulhas, têm o maior potencial de transmissão de doenças entre todas as categorias de resíduos hospitalares. Quase 85% dos ferimentos provocados por material cortante são causados entre a sua utilização e a subsequente eliminação. Mais de 20% das pessoas que os manuseiam sofrem lesões por "picadas". O estudo refere ainda que as lesões causadas por seringas e instrumentos cortantes ocorrem frequentemente nos países em desenvolvimento e que devem ser adoptadas instalações de eliminação mais seguras e uma vacina de rotina contra a hepatite B.

ii. Risco de resíduos hospitalares infecciosos

Os resíduos hospitalares infecciosos representam apenas uma pequena parte do total de resíduos hospitalares; no entanto, devido a questões éticas e aos riscos de infeção, constituem um ponto focal de interesse público. Os resíduos infecciosos contêm diferentes tipos de agentes patogénicos ou organismos que são potenciais causadores de infecções ou doenças se não forem devidamente eliminados. Seguem-se alguns exemplos de diferentes agentes patogénicos e de doenças por eles causadas.

Bacterianas Tétano, gangrena gasosa e outras infecções de feridas, carbúnculo, cólera, outras doenças diarreicas, febre entérica, shigelose, peste, etc. Virais Várias hepatites, poliomielite, infecções por VIH, VHB, tuberculose, DST, raiva, etc.

Amebíase parasitária, giardíase, ascaríase, anquilomastomíase, taeníase, equinococose, malária, leishmaniose, filariose, etc., várias infecções fúngicas como candidíase, criptococose, coccidiodomicose, etc.

Os resíduos hospitalares infectados podem transmitir doenças, especialmente se encontrarem portais de entrada. "Existem fortes provas epidemiológicas do Canadá, Japão e EUA de que a principal preocupação dos resíduos hospitalares infecciosos é a transmissão do vírus VIH/SIDA e, mais frequentemente, do vírus da hepatite B ou C (VHB) através de ferimentos causados por seringas contaminadas com sangue humano." Para além destes, existe um risco potencial de tuberculose/infeção da garganta, febre tifoide, disenteria, diarreia, doenças bacterianas/virais, ARV (raiva), VDRL (doença sexualmente transmissível), ITU/todos os C/S e lepra, etc., uma vez que os laboratórios patológicos fazem todas estas análises para diagnosticar as doenças (Akter et. al., 1998).

iii. Risco de resíduos médicos perigosos

Esta classe de resíduos hospitalares, embora largamente ignorada, representa um risco para os trabalhadores que os manuseiam.

Os resíduos médicos perigosos consistem principalmente em produtos químicos e medicamentos citotóxicos descartados. Os laboratórios de patologia do centro médico examinam sangue, fezes, urina e expetoração. Os produtos químicos utilizados para a coloração e preservação das lâminas e para a esterilização e limpeza do equipamento e do ambiente são potencialmente nocivos para o técnico de laboratório e para o ambiente. A maioria dos produtos químicos é despejada no lavatório e escoada junto à clínica. As crianças, os adultos e os animais podem entrar em contacto com estes produtos químicos. São utilizados xileno, fenol, azul de metileno, ácido clorídrico, cloro e carbol fuchsin, e alguns podem ter efeitos muito nocivos (Akter et. al., 1998). Para além destes, um grande número de produtos químicos também é utilizado em diferentes diagnósticos e tratamentos (por exemplo, quimioterapia). Alguns produtos químicos perigosos comuns, alguns dos quais são provavelmente cancerígenos ou apresentam outros riscos e efeitos para a saúde.

Os principais riscos dos resíduos hospitalares para a saúde são resumidos a seguir (modificado de OMS, 1999).

- Contaminação da água potável. Possibilidade de entrada de lixiviados num aquífero, água superficial ou sistema de água potável.
- Os antibióticos não biodegradáveis, os antineoplásicos e os desinfectantes eliminados no sistema de esgotos podem matar as bactérias necessárias para o tratamento dos esgotos. Os antineoplásicos lançados nos cursos de água podem prejudicar a vida aquática ou contaminar a água potável.
- A queima de resíduos a baixas temperaturas ou em contentores abertos resulta na libertação de poluentes tóxicos (por exemplo, dioxinas) para a atmosfera.
- Os resíduos cancerígenos, como os metais pesados, os solventes químicos e os conservantes, representam graves riscos para a saúde humana, não só para os trabalhadores, mas também para o público em geral.
- A triagem e a eliminação ineficazes e inseguras podem permitir que os medicamentos ultrapassem o seu prazo de validade
- Um aterro desprotegido e inseguro pode constituir um perigo para a saúde dos catadores e dos habitantes das imediações.

B. Riscos ambientais relacionados com os resíduos hospitalares

Seguem-se os impactos ambientais associados à eliminação incorrecta de resíduos hospitalares:

- Os poluentes dos resíduos hospitalares (por exemplo, metais pesados e PCB) são persistentes no ambiente
- Acumulação de produtos químicos tóxicos no solo (proximidade de campos agrícolas, seres humanos, organismos do solo, vida selvagem, gado)
- Contaminação das águas subterrâneas, diminuição da qualidade da água
- Bioacumulação nos tecidos adiposos do organismo e biomagnificação através da cadeia alimentar
- A aplicação repetida e indiscriminada de produtos químicos durante um longo período de tempo tem efeitos adversos graves na população microbiana do solo - reduzindo a taxa de decomposição e, em geral, diminuindo a fertilidade do solo.
- Os agentes patogénicos conduzem à acumulação a longo prazo de substâncias tóxicas no solo
- Os espécimes recolhidos para análise têm o potencial de causar doenças e enfermidades no homem, quer por contacto direto, quer indiretamente por contaminação do solo, das águas subterrâneas, das águas superficiais e do ar
- As poeiras sopradas pelo vento, resultantes de descargas indiscriminadas, também

podem transportar partículas perigosas

- Com os animais domésticos autorizados a pastar em lixeiras a céu aberto, existe o risco acrescido de reintrodução de microrganismos patogénicos na cadeia alimentar.
- Incómodo para o público (por exemplo, odores, vista panorâmica, bloqueio do passeio, estética, etc.)
- a esterilização incorrecta dos instrumentos utilizados na sala de parto pode provocar infecções na mãe e no filho
- A combinação de resíduos degradáveis e não degradáveis aumenta a taxa de destruição do habitat devido ao número crescente de locais necessários para a eliminação de resíduos (degradação do habitat)
- Os sacos de plástico e os recipientes de plástico, se não forem devidamente destruídos, podem contaminar o solo e também reduzem a possibilidade de percolação da água no solo durante a precipitação.
- A incineração ao ar livre não garante uma incineração adequada e liberta fumos tóxicos (dioxinas) para a atmosfera devido à queima de plásticos, por exemplo, PCB.

Consequências da eliminação incorrecta ou da não eliminação de resíduos hospitalares

Os resíduos hospitalares são uma fonte de contaminação e poluição, tanto para os seres humanos como para o ambiente natural, como já foi referido. A eliminação incorrecta pode ser perigosa se conduzir à contaminação das reservas de água ou das fontes locais utilizadas pelas comunidades vizinhas ou pela vida selvagem. Por vezes, os resíduos expostos podem tornar-se acessíveis a necrófagos e crianças se o aterro for inseguro. Os resíduos médicos são potencialmente capazes de causar doenças e enfermidades no homem, quer por contacto direto, quer indiretamente, através da contaminação do solo, das águas subterrâneas, das águas superficiais e do ar. As poeiras sopradas pelo vento provenientes destas lixeiras também podem transportar agentes patogénicos e materiais perigosos. Quando se permite que animais domésticos pastem em lixeiras a céu aberto, existe o risco de reintrodução de microrganismos patogénicos na cadeia alimentar. Por conseguinte, os resíduos hospitalares representam um risco para os indivíduos, as comunidades e o ambiente se não forem cuidadosamente tratados (Akter et. al, 1998).

Os resíduos atraem animais necrófagos e morcegos. À medida que fermentam, libertam maus cheiros, favorecem a alimentação de moscas e contaminam a água e o ar. Durante o seu processo de decomposição, as pilhas de resíduos ou os aterros geram vários gases, sendo os mais importantes o metano (CH_4), o azoto (N_2) e, ocasionalmente, o sulfureto de hidrogénio (H_2S). O CH4 e o C02 são gases com efeito de estufa e têm potenciais efeitos de estufa. O solo subjacente a estes resíduos está normalmente contaminado por microrganismos patogénicos, metais pesados, sais e hidrocarbonetos clorados. Estes resíduos também causam incómodo público ao entupirem esgotos e drenos abertos, invadirem estradas, diminuírem a estética da paisagem e libertarem odores e poeiras desagradáveis (Banco Mundial, 1991).

O furto de medicamentos fora do prazo de validade de uma reserva de resíduos de medicamentos ou durante a triagem pode resultar no desvio de medicamentos fora do prazo para o mercado para revenda e utilização indevida. A maioria dos medicamentos fora do prazo de validade torna-se menos eficaz e alguns podem desenvolver um perfil diferente de reacções adversas. As incinerações de resíduos médicos são uma das maiores fontes de poluição por dioxinas e mercúrio nos Estados Unidos. De acordo com a Agência de Proteção Ambiental dos Estados Unidos (EPA), as dioxinas provenientes da incineração de resíduos médicos acabam nos produtos lácteos e na carne e tanto o mercúrio como as dioxinas são absorvidos pelo peixe e pelo marisco. Quando se consomem estes alimentos, aumenta-se a carga de dioxinas e mercúrio existente no organismo. Para além destas, as cinzas da incineradora são constituídas por cinzas volantes e cinzas de fundo. As cinzas contêm níveis elevados de substâncias tóxicas, como metais pesados, dioxinas e furanos. Ironicamente, à medida que o equipamento de combate à poluição atmosférica se torna mais eficaz na remoção de partículas, a toxicidade das cinzas volantes aumenta. Verificou-se que um dos maiores hospitais de Deli, na Índia, tinha chumbo nas cinzas do seu incinerador a níveis que classificariam as cinzas como perigosas (BAN & HCWH, 1999). Na maioria dos casos, a eliminação das cinzas de incineração em aterros sem um solo suficiente ou outra cobertura impermeável pode fazer com que os lixiviados contaminem as águas subterrâneas.

A incineração tem um interesse específico para a saúde, uma vez que não só destrói o agente patogénico, mas também o material em que este reside. Assim, esses materiais passam por um processo de transformação e desmaterialização. Neste processo, os resíduos tóxicos sólidos e líquidos são transformados em emissões gasosas e partículas. Os gases ácidos (por exemplo, cloreto de hidrogénio, óxidos de azoto e dióxidos de enxofre) podem causar efeitos agudos, como irritação ocular e respiratória, podem contribuir para a chuva ácida e podem aumentar os efeitos tóxicos dos metais pesados. As partículas podem causar efeitos crónicos na saúde. A queima de materiais fabricados com cloro, por exemplo PVC, gera dioxinas, um conhecido agente cancerígeno para os animais e considerado um agente cancerígeno para os seres humanos.

Panorâmica dos tipos de resíduos de cuidados de saúde

Tipos de resíduos de cuidados de saúde	**Exemplos**
Resíduos comuns (também conhecidos como resíduos gerais da prestação de cuidados de saúde) (Resíduos sólidos não infecciosos, químicos ou radioactivos)	Caixas de cartão, papel, resíduos alimentares, garrafas de plástico e de vidro.
Resíduos biomédicos (Também conhecidos por "resíduos perigosos da prestação de cuidados de saúde", "resíduos de risco para a saúde" ou "resíduos especiais"). Resíduos infecciosos (resíduos suspeitos de conterem agentes patogénicos)	Culturas, tecidos, esfregaços de pensos e outros artigos embebidos em sangue, resíduos das enfermarias de isolamento

Resíduos anatómicos	Partes do corpo reconhecíveis
Objectos cortantes	Agulhas, bisturis, facas, lâminas, vidros partidos
Resíduos farmacêuticos	Medicamentos ou produtos farmacêuticos fora de prazo ou que já não são necessários
Resíduos genotóxicos	Resíduos contendo medicamentos e produtos químicos genotóxicos (utilizados na terapia do cancro)
Resíduos químicos	Reagentes de laboratório, reveladores de película, solventes, desinfectantes fora de prazo ou já não necessários,
	e resíduos químicos orgânicos (por exemplo, formaldeído, soluções de limpeza à base de fenol)
Resíduos de metais pesados	Pilhas, termómetros avariados, medidores de tensão arterial.
Contentores pressurizados	Latas de aerossóis, garrafas de gás (ou seja, gases anestésicos como o nitróxido , o halotano, enflurano e óxido de etileno; oxigénio, ar comprimido)
Resíduos radioactivos	Líquidos não utilizados de radioterapia; resíduos de pacientes tratados ou testados com radionuclídeos não selados

(Fonte: Pruss, Giroult e Rushbrook, 1999)

O problema da eliminação de resíduos biomédicos nos hospitais e noutros estabelecimentos de saúde tornou-se uma questão cada vez mais preocupante, levando a administração hospitalar a procurar novas formas de gestão científica, segura e económica dos resíduos. A necessidade de um sistema adequado de gestão dos resíduos hospitalares é de primordial importância e constitui uma componente essencial da garantia de qualidade nos hospitais.

CAPÍTULO IV

UM QUADRO JURÍDICO NACIONAL PARA A GESTÃO DOS RESÍDUOS DE CUIDADOS DE SAÚDE

Regras sobre resíduos biomédicos (gestão e manuseamento) de 1998

A. Calendários de resíduos biomédicos

A eliminação segura dos resíduos biomédicos é atualmente um requisito legal na Índia. As regras de gestão e manuseamento de resíduos biomédicos (Biomedical Waste Management & Handling) Rules, 1998 entraram em vigor em 1998. De acordo com estas regras, é dever de qualquer "ocupante", ou seja, uma pessoa que tenha o controlo da instituição ou das suas instalações, tomar todas as medidas para garantir que os resíduos produzidos sejam tratados sem qualquer efeito adverso para a saúde humana e o ambiente. O regulamento é composto por seis calendários.

Calendário I

Calendário II

Calendário III

Calendário IV

Calendário V

Calendário VI

Lista 1.Categorias de resíduos biomédicos

Opção	Tratamento e eliminação	Categoria de resíduos
Cat.No.1	Incineração/enterramento profundo	Resíduos anatómicos humanos (tecidos, órgãos, partes do corpo humano)
Cat. N.º 2	Incineração/enterramento profundo	Resíduos de animais Tecidos animais, órgãos, partes do corpo, carcaças, partes sangrentas, fluidos, sangue e animais experimentais utilizados na investigação, resíduos gerados por hospitais/universidades veterinárias, descargas de hospitais, instalações para animais)
Cat. N.º 3	Autoclavagem local/micro-ondas/incineração	Resíduos de microbiologia e biotecnologia (resíduos de culturas de laboratório, existências ou espécimes de microrganismos, vacinas vivas ou atenuadas, culturas

		humanas e animais utilizadas na investigação e agentes infecciosos provenientes de laboratórios de investigação e industriais, resíduos da produção de produtos biológicos, toxinas, pratos e dispositivos utilizados para a transferência de culturas
Cat. N.º 4	Desinfecções (tratamento químico/autoclave/micro	Resíduos de objectos cortantes (agulhas, seringas, bisturis)
	acenando e mutilando triturando)	lâminas, vidros, etc., que possam causar perfurações e cortes. Isto inclui material cortante usado e não usado).
Cat. N.º 5	Incineração, autoclavagem/micro-ondas	Medicamentos fora de uso e drogas citotóxicas (resíduos constituídos por medicamentos fora de prazo, contaminados e fora de uso)
Cat. N.º 6	Incineração, autoclavagem/micro-ondas	Resíduos sólidos (objectos contaminados com sangue e fluidos corporais, incluindo algodão, pensos, gessos sólidos, roupas de cama e outros materiais contaminados com sangue)
Cat. N.º 7	Desinfecções por tratamento químico autoclavagem/micro ondulação e mutilação trituração	Resíduos sólidos (resíduos gerados a partir da eliminação de artigos que não sejam resíduos de material médico cortante, tais como tubos, cateteres, sondas intravenosas, etc.)
Cat. N.º 8	Desinfecções por tratamento químico e descarga no esgoto	Resíduos líquidos (resíduos gerados em actividades laboratoriais e de lavagem, limpeza, conservação e desinfeção)
Cat. N.º 9	Eliminação em aterro municipal	Cinzas de incineração

		(cinzas da incineração de quaisquer resíduos biomédicos)
Cat. N.º 10	Tratamento químico e descarga no esgoto para os líquidos e aterro sanitário para os sólidos	Resíduos químicos (produtos químicos utilizados na produção de
		produtos químicos biológicos, utilizados na desinfeção, como insecticidas, etc,

Lista II: Código de cores e tipo de contentor para a eliminação de resíduos biomédicos

Código de cores	Tipo de Contentores	Categoria de resíduos	Opções de tratamento de acordo com a lista I
Amarelo	Saco de plástico	1,2,3,6	Incineração/enterrament o profundo
Vermelho	Desinfectado	3,6,7	Lavagem automática/Micro ondulação/Tratamento
Azul/branco	Saco de plástico/Punção	4,7	Autocaving/Micro Waving/Tratamento químico e destruição/trituração
Translúcido Preto	Recipiente de prova	5,9,10 (sólido)	Eliminação num segundo aterro

Anexo III: Etiqueta para o transporte de sacos de contentores para resíduos biomédicos

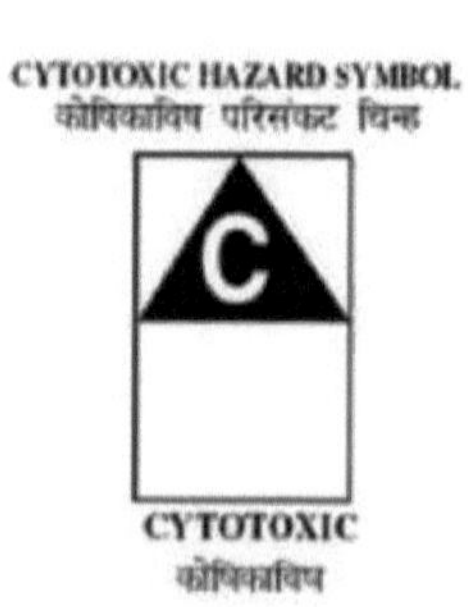

Calendário IV

Etiqueta para o transporte de contentores/sacos de resíduos biomédicos

DiaMêsAno

Data de geração

Categoria de resíduos Não
Classe de resíduos
Descrição dos resíduos
Nome e endereço do remetente Nome e endereço do destinatário
Número de telefoneNúmero de telefone
Telex NãoTelexNão
Fax NãoFax Não
Pessoa de contacto
Em caso de emergência, contactar Nome e endereço: Número de telefone
Nota: O rótulo não pode ser lavado e deve ser bem visível.

Calendário-V

- Normas de tratamento e eliminação de
- Normas de resíduos biomédicos para incineradores

Calendário-VI

Calendário para as instalações de tratamento de resíduos, tais como incinerador/autoclave/sistema de micro-ondas. (Fonte: The Bio Medical Waste (Management and Handling) Rules, 1998).

Fonte:

Praveen Mathur, Sangeeta Patan e Anand S. Shobhawat. Necessidade de um sistema de gestão de resíduos biomédicos nos hospitais - uma questão emergente - uma revisão . MATHUR *et al.*, *Curr. World Environ,* Vol. 7(1), 117-124 (2012)

B. Regras sobre resíduos biomédicos (gestão e manuseamento), 1998

As Regras de Gestão e Manuseamento de Resíduos Biomédicos de 1998 entraram em vigor em 1998. No exercício dos poderes conferidos pelas secções 6, 8 e 25 da Lei EP de 1986, o Governo Central notificou estas regras para a gestão e o manuseamento de resíduos biomédicos gerados em hospitais, clínicas e outras instituições para a gestão científica de resíduos biomédicos.

Por resíduos biomédicos entende-se quaisquer resíduos gerados durante o diagnóstico, tratamento ou imunização de seres humanos ou animais ou em actividades de investigação relacionadas com os mesmos ou na produção ou ensaio de produtos biológicos e incluindo as categorias mencionadas na lista I do Regulamento.

Qualquer ocupante de uma instituição que produza resíduos biomédicos, incluindo hospitais, lares de idosos, clínicas, dispensários, instituições veterinárias, biotérios, laboratórios de patologia e bancos de sangue, independentemente da sua designação, tem o dever de tomar todas as medidas necessárias para garantir que esses resíduos sejam tratados sem efeitos adversos para a saúde humana e o ambiente.

A segregação, embalagem, transporte e armazenamento devem ser efectuados da seguinte forma

1. Os resíduos biomédicos não devem ser misturados com outros resíduos.
2. Os resíduos biomédicos devem ser separados em contentores/sacos nos locais de produção, de acordo com o esquema II, antes do seu armazenamento, transporte, tratamento e eliminação. Os contentores devem ser rotulados de acordo com o

esquema III.
Todos os ocupantes de instituições que produzam, recolham, recebam, armazenem, transportem, tratem e/ou manuseiem resíduos biomédicos devem requerer, através do formulário 1, uma autorização à Direção.
O Conselho Estatal de Controlo da Poluição é declarado a autoridade competente para a concessão da autorização. O Conselho concede autorizações depois de se ter sentado.
Todos os ocupantes/operadores devem apresentar um relatório anual à autoridade competente, no formulário II, até 31 de janeiro de cada ano, incluindo informações sobre as categorias e quantidades de resíduos biomédicos manuseados durante o ano em curso. A autoridade competente deve enviar esta informação, num formulário conforme, ao Conselho Central de Controlo da Poluição até 31 de março de cada ano.
Quando ocorrer um acidente em qualquer instituição ou instalação ou em qualquer outro local em que sejam manuseados resíduos biomédicos ou durante o transporte desses resíduos, a pessoa autorizada comunicará imediatamente o acidente, no Formulário III, à autoridade prescrita.
Qualquer pessoa lesada por uma decisão tomada pela autoridade prescrita ao abrigo das presentes regras pode, no prazo de trinta dias a contar da data em que a decisão lhe é comunicada, interpor recurso junto da autoridade que o Governo do Estado/Território da União considere adequado constituir.
Em caso de violação das disposições das presentes regras, o Conselho pode apresentar uma queixa ao abrigo da secção 15 da Lei sobre as EP, que prevê uma pena de prisão que pode ir até 5 anos e uma coima. O Conselho de Administração pode igualmente ordenar o encerramento de qualquer hospital/clínica/instituição em falta ao abrigo da secção 5 da Lei sobre as EP, de acordo com os poderes delegados pelo Governo central.

RESÍDUOS BIOMÉDICOS
(GESTÃO E MANUSEAMENTO)
REGRAS, 1998
COM A REDACÇÃO QUE LHE FOI DADA EM 2000 - DISPOSIÇÕES RELEVANTES

regras sobre resíduos médicos (gestão e manuseamento), 1998

MINISTÉRIO DO AMBIENTE E DAS FLORESTAS

NOTIFICAÇÃO

Nova Deli, 20 de julho de 1998

5.0. 630 (E) - Considerando que, no exercício dos poderes conferidos pelas secções 6, 8 e 25 da Lei do Ambiente (Proteção) de 1986 (29 de 1986), foi publicada uma notificação no Diário da República, S.O. 746 (E), de 16 de outubro de 1997, convidando o público a apresentar objecções no prazo de 60 dias a contar da data de publicação da referida notificação sobre as regras relativas aos resíduos biomédicos (gestão e manuseamento) de 1998 e que todas as objecções recebidas foram devidamente consideradas.

Por conseguinte, no exercício dos poderes conferidos pelas secções 6, 8 e 25 da Lei do Ambiente (Proteção) de 1986, o Governo Central notifica as regras de gestão e manuseamento dos resíduos biomédicos.

1. **Título curto e início de atividade:**

- Estas regras podem ser designadas por Bio-Medical Waste (Management and Handling) Rules, 1998.
- Entram em vigor na data da sua publicação no Jornal Oficial.

2. **Aplicação:**

Estas regras aplicam-se a todas as pessoas que geram, recolhem, recebem, armazenam, transportam, tratam, eliminam ou manuseiam resíduos biomédicos sob qualquer forma.

3. **Definições:**

Nas presentes regras, exceto se o contexto exigir o contrário

- "Lei", a Lei do Ambiente (Proteção) de 1986 (29 de 1986);
- Entende-se por "biotério" um local onde são criados/mantidos animais para fins experimentais ou de ensaio;
- "Autorização": permissão concedida pela autoridade competente para a produção, recolha, receção, armazenamento,

Regras sobre resíduos biomédicos (gestão e manuseamento), 1998

Transporte, tratamento, eliminação e/ou qualquer outra forma de manuseamento de resíduos biomédicos em conformidade com as presentes regras e com quaisquer diretrizes emitidas pelo Governo Central.

- "Pessoa autorizada": um ocupante ou operador autorizado pela autoridade competente a produzir, recolher, receber, armazenar, transportar, tratar, eliminar e/ou manipular resíduos biomédicos em conformidade com as presentes regras e quaisquer diretrizes emitidas pelo Governo Central;

- "Resíduos biomédicos", quaisquer resíduos gerados durante o diagnóstico, tratamento ou imunização de seres humanos ou de animais ou em actividades de investigação com eles relacionadas ou na produção ou ensaio de produtos biológicos, incluindo as categorias mencionadas no Anexo I
- Entende-se por "biológico" qualquer preparação obtida a partir de organismos ou microrganismos ou de produtos do metabolismo e das reacções bioquímicas, destinada a ser utilizada no diagnóstico, imunização ou tratamento de seres humanos ou de animais ou em actividades de investigação conexas;
- "Instalação de tratamento de resíduos biomédicos", qualquer instalação em que seja efectuado o tratamento ou a eliminação de resíduos biomédicos ou processos relacionados com esse tratamento ou eliminação;
- Entende-se por "ocupante", em relação a qualquer instituição que produza resíduos biomédicos, incluindo hospitais, lares de idosos, clínicas, dispensários, instituições veterinárias, biotérios, laboratórios de patologia e bancos de sangue, qualquer que seja a sua designação, a pessoa que tem o controlo dessa instituição e/ou das suas instalações;
- "Operador de uma instalação de resíduos biomédicos", uma pessoa que possui, controla ou explora uma instalação de recolha, receção, armazenagem, transporte, tratamento, eliminação ou qualquer outra forma de manuseamento de resíduos biomédicos;
- "Programa" é o programa anexo às presentes regras;

4. Dever do ocupante:

Qualquer ocupante de uma instituição que produza resíduos biomédicos, incluindo hospitais, lares de idosos, clínicas, dispensários, instituições veterinárias, biotérios, laboratórios de patologia e bancos de sangue, independentemente da sua designação, tem o dever de tomar todas as medidas necessárias para garantir que esses resíduos sejam tratados sem efeitos adversos para a saúde humana e o ambiente.

5. Tratamento e eliminação

- Os resíduos biomédicos devem ser tratados e eliminados de acordo com o esquema I e em conformidade com as normas prescritas no esquema V.
- Cada ocupante, se necessário, deve instalar, de acordo com o calendário previsto no Anexo VI, as instalações de tratamento de resíduos biomédicos necessárias, como incineradores, autoclaves, sistemas de micro-ondas para o tratamento de resíduos, ou assegurar o tratamento necessário dos resíduos numa instalação comum de tratamento de resíduos ou em qualquer outra instalação de tratamento de resíduos.

6. Segregação, embalagem, transporte e armazenamento

- Os resíduos biomédicos não devem ser misturados com outros resíduos.
- Os resíduos biomédicos devem ser separados em contentores/sacos no local de produção, de acordo com o esquema II, antes de serem armazenados, transportados, tratados e eliminados. Os contentores devem ser rotulados de acordo com o esquema III.
- Se um contentor for transportado das instalações onde são produzidos os resíduos

biomédicos para qualquer instalação de tratamento de resíduos fora dessas instalações, o contentor deverá, para além do rótulo prescrito no esquema III, conter também as informações prescritas no esquema IV.

- Sem prejuízo de qualquer disposição da Lei de 1988 relativa aos veículos a motor ou das suas regras, os resíduos biomédicos não tratados só podem ser transportados num veículo autorizado para o efeito pela autoridade competente, conforme especificado pelo governo.
- Nenhum resíduo biomédico não tratado deve ser armazenado para além de um período de 48 horas. Desde que, se por qualquer razão, for necessário armazenar os resíduos para além desse período, a pessoa autorizada deve obter autorização da autoridade prescrita e tomar medidas para garantir que os resíduos não afectam negativamente a saúde humana e o ambiente.

7. Autoridade prescrita

- O Governo de cada Estado e Território da União criará uma autoridade prescrita, com os membros que forem especificados, para conceder autorizações e aplicar as presentes regras.
- Se o organismo prescrito for composto por mais de um membro, será designado um presidente para o organismo.
- A autoridade prescrita para o Estado ou Território da União será nomeada no prazo de um mês após a entrada em vigor das presentes regras.
- A autoridade prescrita funcionará sob a supervisão e o controlo do respetivo Governo do Estado ou Território da União.
- A autoridade prescrita, ao receber o formulário 1, efectua o inquérito que considerar adequado e, se considerar que o requerente possui a capacidade necessária para tratar os resíduos biomédicos em conformidade com as presentes regras, concede ou renova a autorização, consoante o caso.
- A autorização é concedida por um período de três anos, incluindo um período experimental inicial de um ano a contar da data de emissão.
- Posteriormente, o ocupante/operador deve apresentar um pedido de renovação. Todas as autorizações subsequentes serão concedidas por um período de três anos. Será concedida uma autorização provisória para o período experimental, a fim de permitir que o ocupante/operador demonstre a capacidade da instalação.
- A autoridade prescrita pode, depois de dar ao requerente uma oportunidade razoável de ser ouvido e por razões que devem ser registadas por escrito, recusar a concessão ou a renovação da autorização.
- O pedido de autorização deve ser tratado pela autoridade competente no prazo de noventa dias a contar da data de receção do pedido.
- A autoridade prescrita pode cancelar ou suspender uma autorização se, por razões a registar por escrito, o ocupante/operador não tiver cumprido qualquer disposição da lei ou das presentes regras
- Desde que nenhuma autorização seja cancelada ou suspensa sem que seja dada uma oportunidade razoável ao ocupante/operador de ser ouvido.

8. Autorização

- Todos os ocupantes de uma instituição que produza, recolha, receba, armazene, transporte, trate, elimine e/ou manuseie resíduos biomédicos de qualquer outra forma, exceto os ocupantes de clínicas, dispensários, laboratórios patológicos e bancos de sangue que prestem tratamento/serviço a menos de 1000 (mil) doentes por mês, devem apresentar um pedido de autorização, no formulário 1, à autoridade competente.
- Cada operador de uma instalação de resíduos biomédicos apresentará um pedido de autorização, no formulário 1, à autoridade prescrita.
- Todos os pedidos de autorização apresentados no formulário n.º 1 devem ser acompanhados de uma taxa que pode ser fixada pelo Governo do Estado ou do Território da União.
- A autorização de exploração de um estabelecimento será emitida no formulário IV, sob reserva das condições nele estabelecidas e de outras condições impostas pela autoridade competente.

9. Comité Consultivo

O Governo de cada Estado/Território da União constituirá um comité consultivo. O comité incluirá peritos no domínio da medicina e da saúde, da criação de animais e das ciências veterinárias, da gestão ambiental, da administração municipal e de qualquer outro departamento ou organização conexa, incluindo organizações não governamentais. O Conselho Estatal de Controlo da Poluição/Comité de Controlo da Poluição estará representado. Se e quando necessário, o comité aconselhará o Governo do Estado/Território da União e a autoridade prescrita sobre questões relacionadas com a aplicação das presentes regras.

10. Relatório anual

Todos os ocupantes/operadores devem apresentar um relatório anual à autoridade competente, no formulário 11, até 31 de janeiro de cada ano, incluindo informações sobre as categorias e quantidades de resíduos biomédicos manuseados durante o ano anterior. A autoridade competente deve enviar esta informação de forma compilada ao Conselho Central de Controlo da Poluição até 31 de março de cada ano.

11. Manutenção de registos

- Todas as pessoas autorizadas devem manter registos relacionados com a produção, recolha, receção, armazenamento, transporte, tratamento, eliminação e/ou qualquer forma de manuseamento de resíduos biomédicos, em conformidade com as presentes regras e quaisquer orientações emitidas.
- Todos os registos estão sujeitos a inspeção e verificação pela autoridade competente em qualquer altura.

12. Comunicação de acidentes

Quando ocorrer um acidente em qualquer instituição ou instalação ou em qualquer outro local em que sejam manuseados resíduos biomédicos ou durante o transporte desses resíduos, a pessoa autorizada comunicará imediatamente o acidente, no formulário Ill, à autoridade prescrita.

13. Recurso

Qualquer pessoa lesada por um despacho proferido pela autoridade prescrita ao abrigo das presentes regras pode, no prazo de trinta dias a contar da data em que o despacho lhe é comunicado, interpor recurso junto da autoridade que o Governo do Estado/Território da União considere adequada para constituir

Desde que a autoridade possa examinar o recurso após o termo do referido prazo de trinta dias, se considerar que o recorrente foi impedido, por motivos suficientes, de o interpor atempadamente.

1. Locais comuns de eliminação/inncineração

Sem prejuízo do disposto no artigo 5.º das presentes regras, a empresa municipal, os conselhos municipais ou os organismos locais urbanos, consoante o caso, são responsáveis pela disponibilização de instalações comuns de eliminação/incineração adequadas para os resíduos biomédicos gerados na área sob a sua jurisdição; nas áreas fora da jurisdição de qualquer organismo municipal, a responsabilidade é do ocupante que produz

QUADRO I (Ver artigo 5.º)
CATEGORIAS DE RESÍDUOS BIOMÉDICOS

Categoria de resíduos n.º.	Categoria de resíduos [Tipo]	Tratamento e eliminação [Opção+]
Categoria n.º I	Resíduos anatómicos humanos (tecidos, órgãos, partes do corpo humano)	inc ineração@/enterramento profundo*
Categoria n.º 2	Resíduos animais (tecidos animais, órgãos, partes do corpo, carcaças, partes sangrentas, fluidos, sangue e animais experimentais utilizados na investigação, resíduos gerados por hospitais veterinários, faculdades, descargas de hospitais, biotérios)	incineração@/ enterramento profundo*
Categoria n.º 3	Resíduos de Microbiologia e Biotecnologia (resíduos de culturas de laboratório, stocks ou espécimes de microrganismos, vacinas vivas ou atenuadas, culturas de células humanas e animais utilizadas na investigação e agentes infecciosos provenientes de	local autoclavagem/ micro-ondas/ incineração@

	laboratórios de investigação e industriais, resíduos da produção de produtos biológicos, toxinas, pratos e dispositivos utilizados para a transferência de culturas)	
Categoria n.º 4	Resíduos de material cortante (agulhas, seringas, bisturis, lâminas),	desinfeção (tratamento químico@Ol/auto
	vidro, etc. que possam causar perfurações e cortes. Isto inclui objectos cortantes usados e não usados)	calvário/micro-ondas e mutilação/trituração
Categoria n.º 5	Medicamentos fora de uso e citotóxicos (resíduos constituídos por medicamentos fora de prazo, contaminados e fora de uso)	incineração ©/destruição e eliminação de drogas em aterros sanitários seguros
Categoria n.º 6	Resíduos sólidos (Objectos contaminados com sangue e fluidos corporais, incluindo algodão, pensos, gessos sujos, linhas, roupas de cama e outros materiais contaminados com sangue)	incineração@ autoclavagem/micro-ondas
Categoria n.º 7	Resíduos sólidos (resíduos gerados por artigos descartáveis que não os resíduos [cortantes], como tubos, cateteres, conjuntos intravenosos, etc.).	desinfeção por tratamento químico@@ autoclavagem/micro-ondas e mutilação/trituração##
Categoria n.º 8	Resíduos líquidos (resíduos gerados em actividades laboratoriais e de lavagem, limpeza, manutenção e desinfeção)	desinfeção por tratamento químico@@ e descarga
Categoria n.º 9	Cinzas de incineração (cinzas da incineração de quaisquer resíduos	eliminação em aterro municipal

	biomédicos)	
Categoria n.º 10	Resíduos químicos (produtos químicos utilizados na produção de produtos biológicos, produtos químicos utilizados na desinfeção, como	Tratamento químico@@ e descarga em drenos para líquidos e aterro seguro para sólidos.
	insecticidas, etc.)	

- Tratamento químico utilizando, pelo menos, uma solução de hipoclorito a 1% ou qualquer outro reagente químico equivalente. Deve garantir-se que o tratamento químico assegura a desinfeção.
- A mutilação/trituração deve ser efectuada de modo a impedir a reutilização não autorizada.
- Não será efectuado qualquer pré-tratamento químico antes da incineração. Os plásticos clorados não devem ser incinerados.
- A inumação em profundidade é uma opção disponível apenas nas cidades com menos de cinco lakhs de população e nas zonas rurais.

QUADRO II (ver artigo 6.o)

CÓDIGO DE CORES E TIPO DE CONTENTOR PARA A ELIMINAÇÃO DE RESÍDUOS BIOMÉDICOS

Cor Conding	Tipo de contentor -I Categoria de resíduos	Opções de tratamento de acordo com o esquema I
Amarelo	Saco de plástico Cat. 1, Cat. 2, e Cat. 3, Cat. 6.	Incineração/enterramento profundo
Vermelho	Desinfectado Recipiente/saco de plástico Cat. 3, Cat. 6, Cat.7.	Autoclavagem/Microavagem/ Tratamento químico
Azul/ translúcido	Saco de plástico à prova de perfuração Cat. 4, Cat. 7. Contentor	Autoclavagem/Microavagem/Tratamento químico e destruição/trituração
Preto	Saco de plástico Cat. 5 e Cat. 9 e Cat. 10. (sólido)	Eliminação em aterro sanitário seguro

Notas:

1. A codificação por cores das categorias de resíduos com múltiplas opções de tratamento, conforme definido no Apêndice I, deverá ser selecionada em função da

opção de tratamento escolhida, que deverá ser a especificada no Apêndice I.

2. Os sacos de recolha de resíduos para tipos de resíduos que necessitem de incineração não devem ser feitos de plásticos clorados.

3. As categorias 8 e 10 (líquidos) não necessitam de recipientes/sacos.

4. A categoria 3, se desinfectada localmente, não precisa de ser colocada em contentores/sacos.

C) Regras sobre resíduos biomédicos (gestão e manuseamento), 2011

O Ministério do Ambiente e das Florestas (MoEF), Governo da Índia, notificou o novo projeto de Regras sobre Resíduos Biomédicos (Gestão e Manuseamento) de 2011 ao abrigo da Lei do Ambiente (Proteção) de 1986, a fim de substituir as anteriores Regras sobre Resíduos Biomédicos (Gestão e Manuseamento) de 1998 e respectivas alterações. O projeto de regras é notificado para informação do público e para o convite à apresentação de objecções ou sugestões, se for caso disso, no prazo de 60 dias. Estas serão tidas em consideração pelo Governo central aquando da finalização das regras.

Caraterísticas principais do projeto de regulamento:

1. Estas regras aplicam-se a todas as pessoas que geram, recolhem, recebem, armazenam, transportam, tratam, eliminam ou manipulam resíduos biomédicos sob qualquer forma. As regras não se aplicam aos resíduos radioactivos abrangidos pela Lei da Energia Atómica de 1962, aos produtos químicos perigosos abrangidos pelas Regras de Fabrico, Armazenagem e Importação de Produtos Químicos Perigosos de 1989, aos resíduos urbanos abrangidos pelas Regras de Resíduos Sólidos Municipais (Gestão e Manuseamento) de 2000, aos resíduos de baterias abrangidos pelas Regras de Baterias (Gestão e Manuseamento) de 2001 (e aos resíduos perigosos abrangidos pelas Regras de Resíduos Perigosos (Gestão, Manuseamento e Movimentos Transfronteiriços) de 2008.

2. Todos os ocupantes de estabelecimentos de cuidados de saúde (HCE) devem instalar instalações de tratamento de resíduos biomédicos, como autoclaves/micro-ondas/hidroclaves, trituradores ou qualquer outra tecnologia aprovada pela CPCB para o tratamento dos resíduos biomédicos produzidos nas instalações como parte do tratamento no local da instituição, antes do início do seu funcionamento, ou assegurar o tratamento necessário dos resíduos biomédicos numa instalação comum de tratamento de resíduos aprovada ou em qualquer outra instalação de tratamento de resíduos aprovada.

3. Foi estipulado que, independentemente da quantidade de resíduos biomédicos gerados, todos os ocupantes de uma instituição que inclua um hospital, lar de idosos, clínica, dispensário, instituição veterinária, biotério, laboratório patológico, banco de sangue que gere, recolha, receba, armazene, transporte, elimine e/ou manuseie resíduos biomédicos, devem solicitar uma autorização à autoridade competente.

4. Os resíduos biomédicos devem ser separados e mantidos em contentores ou sacos codificados por cores no ponto de produção, de acordo com o Anexo II das Regras, antes da sua fase, transporte, tratamento e eliminação. O código de cores dos

contentores ou "sacos" (amarelo, vermelho, azul e preto) para a recolha de várias categorias de resíduos biomédicos, incluindo as opções de tratamento, foi especificado para evitar sobreposições e confusões.

5. Os resíduos biomédicos devem ser tratados e eliminados de acordo com o Anexo I e em conformidade com as normas prescritas no Anexo V. Atualmente, existem oito categorias de resíduos biomédicos, tais como resíduos anatómicos humanos, resíduos animais, resíduos de microbiologia e biotecnologia e outros resíduos de laboratório, resíduos cortantes, medicamentos fora de uso e drogas citotóxicas, resíduos sujos, resíduos sólidos infecciosos e resíduos químicos.

6. Foram especificados os deveres do operador da instalação de tratamento comum, bem como de outras autoridades interessadas (como o Ministério do Ambiente e das Florestas, o Ministério da Saúde e do Bem-Estar Familiar, o Centro ou o Estado/Departamento de Veterinária e Pecuária, o Ministério da Defesa, o Conselho Central de Controlo da Poluição, os Conselhos Estaduais de Controlo da Poluição/Comités de Controlo da Poluição e organismos locais como Gram Pancbayats, Municípios e Corporações). Um operador de uma instalação de tratamento comum (CT?) também é obrigado a informar a autoridade prescrita sobre os estabelecimentos de cuidados de saúde (HCE) que não estão a separar os resíduos biomédicos segregados de acordo com as regras. Os HCEs também são obrigados a informar a autoridade prescrita em causa caso o operador da CTF não esteja a recolher os resíduos regularmente.

7. O Governo de cada Estado ou Território da União deve constituir comités de acompanhamento a nível distrital (DMC) nos distritos, sob a presidência do médico distrital ou do seu representante, para controlar o cumprimento das regras relativas aos resíduos biomédicos nas instalações de cuidados de saúde que produzem resíduos biomédicos, bem como nas instalações de tratamento comuns.

8. O cumprimento das diretrizes emitidas pelo Conselho Central de Controlo da Poluição, pelo Ministério do Ambiente e das Florestas e pelo Ministério da Saúde e do Bem-Estar Familiar do Governo da Índia tornou-se agora obrigatório para a gestão dos resíduos biomédicos.

Quais são as diferenças entre o novo projeto de regulamento de 2011 e o anterior regulamento de 1998?

As novas regras são abrangentes e contêm caraterísticas importantes das regras relativas aos resíduos biomédicos (gestão e manuseamento) de 1998, incluindo as três alterações introduzidas. Foram acrescentadas várias disposições novas nas novas regras.

1. Nas novas regras, foi claramente mencionado que estas regras são aplicáveis apenas aos resíduos biomédicos e não se aplicam a outros resíduos, como os resíduos radioactivos, os produtos químicos perigosos, os resíduos sólidos urbanos, os resíduos perigosos e os resíduos bacterianos, que são abrangidos pelas respectivas regras.

2. Nas novas regras, estipula-se que cada ocupante deve instalar os equipamentos necessários para o tratamento de resíduos biomédicos antes do início da sua atividade

ou tomar as medidas necessárias para assegurar o tratamento necessário dos resíduos biomédicos através de uma instalação comum autorizada de tratamento de resíduos biomédicos.

3. De acordo com as regras anteriores, a obtenção de autorização da autoridade prescrita não era exigida a um ocupante de uma instituição que prestasse serviços a menos de 1000 (mil) doentes por mês. Ao abrigo das novas regras, todos os ocupantes ou operadores, independentemente do número de doentes atendidos ou da quantidade de resíduos biomédicos produzidos, são obrigados a obter uma autorização.

4. Ao abrigo das regras em vigor, havia sobreposição no que respeita ao código de cores e à separação dos resíduos. Por exemplo, os resíduos das categorias 3 e 6 podem ser recolhidos em sacos amarelos ou vermelhos. Do mesmo modo, os resíduos da categoria 7 podem ser recolhidos em sacos vermelhos ou azuis. Isto provocou uma fusão na separação. Nas novas regras, o código de cores dos contentores ou sacos (amarelo, vermelho, azul e preto) para a recolha de várias categorias de resíduos biomédicos, incluindo as opções de tratamento, foi claramente especificado para evitar sobreposições e confusões.

5. Nas novas regras, foram estipulados os deveres do operador de uma instalação comum de tratamento de resíduos biomédicos, bem como de outras autoridades competentes, para além dos deveres do ocupante de um estabelecimento de cuidados de saúde.

6. Nas novas regras, o número de categorias de resíduos foi reduzido de dez para oito. Foi também prescrito um código de cores para a recolha de resíduos não infecciosos (resíduos gerais).

7. As diretrizes emitidas pela CPCB e pelo Governo Central passaram a fazer parte das regras.

CAPÍTULO V

ESTRATÉGIAS E ACTIVIDADES DO ESTADO DE KARNATAKA RELACIONADAS COM A GESTÃO DOS RESÍDUOS DE CUIDADOS DE SAÚDE

A responsabilidade pela aplicação das regras relativas aos resíduos biomédicos na Índia cabe a cada um dos Estados e territórios, sendo as autoridades competentes os SPCB nos Estados e os comités de controlo da poluição nos territórios. Cada estado é obrigado a constituir um comité consultivo para aconselhar o governo estadual e os SPCBs sobre a aplicação das regras. A constituição desse comité exige uma estreita coordenação e participação a nível estatal entre as agências estatais do ambiente e da saúde, as autoridades locais, os representantes dos estabelecimentos de saúde, os académicos e as ONG:

Idealmente, a aplicação das regras relativas aos resíduos biomédicos a nível estatal inclui:

a. O desenvolvimento de uma estratégia estatal para a gestão dos RSU
b. A preparação de diretrizes estatais de gestão de HCW
c. A prestação de assistência estatal aos estabelecimentos de saúde públicos e
d. Aplicação pelo Estado dos requisitos regulamentares

A evolução no Estado de Karnataka em relação a cada um destes domínios é analisada a seguir.

Estratégias estatais para a gestão dos resíduos de cuidados de saúde

As autoridades estatais na Índia tomaram várias decisões estratégicas relacionadas com a gestão dos RCD. Uma decisão foi a de aperfeiçoar as opções tecnológicas incluídas nas regras relativas aos resíduos biomédicos. Embora as regras indiquem a incineração como uma opção para certas categorias de RCD. As regras relativas aos resíduos biomédicos indicam como opções a incineração de resíduos anatómicos humanos (categoria I de resíduos biomédicos) e a incineração de resíduos animais (categoria 2 de resíduos biomédicos) em centros populacionais com mais de 500 000 habitantes, bem como a incineração de medicamentos fora de uso e de drogas citotóxicas (categoria 5 de resíduos biomédicos). Os esforços concertados das ONG - incluindo Srishti, Toxic link e Jyotsna Chauhan Associates - e da imprensa convenceram alguns SPCB a excluir a utilização da incineração no local.

No Estado de Andhra Pradesh, por exemplo, onde a maioria das instalações de cuidados de saúde se situa no centro das cidades, o Conselho de Controlo da Poluição de Andhra Pradesh proibiu a incineração em instalações de cuidados de saúde em todo o Estado, depois de considerar os potenciais impactos adversos das emissões poluentes de incineradores de baixa qualidade. No Estado de

No entanto, em Karnataka, devido ao fraco desempenho das incineradoras nas instalações de cuidados de saúde, a incineração no local foi proibida dentro dos limites de seis corporações municipais e em todas as sedes de distrito. Nestes locais em Karnataka, onde a população excede os 500 000 habitantes, a destruição de resíduos anatómicos humanos e animais deve ser efectuada por incineração apenas em CWTFs para cumprir tanto as regras relativas aos resíduos biomédicos como os requisitos estatais. Bangalore, Hubli - Dharwad e Mysore cumprem este requisito, mas em Mangalore, os resíduos anatómicos humanos e animais são atualmente eliminados por enterramento profundo.

Uma outra decisão estratégica para as autoridades estatais indianas consistia em optar pelo tratamento dos BMW no local ou pelo tratamento comum dos BMW. O tratamento comum dos BMW oferece várias vantagens. Em primeiro lugar, uma CWTF pode ser localizada longe das instalações hospitalares e das zonas urbanas, reduzindo significativamente os potenciais impactos adversos na saúde humana. Em segundo lugar, uma CWTF reduz os custos de tratamento e eliminação através do tratamento de grandes quantidades de resíduos recolhidos em muitas instalações (ou seja, oferece economias de escala), embora as poupanças devam ser compensadas pelos custos adicionais de transporte de todas as instalações para a CWTF". Em terceiro lugar, uma CWTF pode empregar pessoal especialmente treinado que não poderia ser facilmente apoiado por instalações individuais de cuidados de saúde, resultando numa operação melhor e mais eficiente. Em quarto lugar, é provável que os esforços de licenciamento, monitorização e aplicação da lei por parte das agências reguladoras de uma CWTF sejam bastante eficazes.

No entanto, existem desafios associados a um tratamento comum dos BMW. Uma abordagem CWTF impõe um encargo financeiro direto aos operadores das unidades de saúde, que anteriormente pagavam montantes mínimos pelos serviços associados à gestão de resíduos. Exige também mudanças operacionais e comportamentais por parte dos operadores dos estabelecimentos de saúde, que devem separar corretamente os resíduos nos tipos de BMW aceites pelo operador da CWTF. Uma preocupação mais importante é a dificuldade de assegurar o envolvimento contínuo do sector privado numa CWTF quando o mercado é incerto devido à ausência de uma cultura de cumprimento e a um fraco regime de execução.

O governo central da Índia considera o tratamento comum dos resíduos como a abordagem mais adequada para o tratamento dos BMW produzidos nas zonas urbanas. Andhra Pradesh foi o primeiro Estado a conceber e aplicar um sistema de CWTF. Inicialmente, a resistência ao sistema surgiu recentemente em Belgaum e Hubli-Dhardwad. Em Karnataka, estão a ser criadas três CWTF adicionais em Gulbarga, Mangalore e Shimoga. Todas as CWTF no Karnataka estão localizadas fora dos limites da cidade, sendo o transporte dos BMW assegurado pelo operador da CWTF.

Orientações estatais para a gestão de resíduos de cuidados de saúde

Embora os SPCBs sejam as autoridades reguladoras designadas para as regras relativas aos resíduos biomédicos nos estados, os departamentos de saúde estaduais têm o papel principal de ajudar as instalações de cuidados de saúde governamentais a cumprir os calendários das regras.

Uma análise inicial de algumas das primeiras diretrizes estatais revela que estes documentos não incorporam estratégias estatais de gestão de RAC, são inconsistentes com as regras relativas aos resíduos biomédicos, têm inconsistências internas e não fornecem instruções claras e pormenorizadas para a sua aplicação. Uma necessidade atual importante é, por conseguinte, melhorar a qualidade destas diretrizes e identificar boas práticas para divulgação em todo o Estado.

Assistência estatal a estabelecimentos de saúde públicos

Enquanto os hospitais privados na Índia têm de cumprir os requisitos das Regras sobre Resíduos Biomédicos utilizando os seus próprios recursos, os estabelecimentos de saúde públicos receberam assistência dos respectivos estados. Alguns exemplos específicos de actividades de implementação de programas de gestão de RCD no âmbito dos projectos financiados pelo Banco Mundial são discutidos abaixo (Onursal e Setlur 2002). Os departamentos de saúde dos estados de Andhra Pradesh, Karnataka, Maharashtra, Orissa, Punjab e Bengala Ocidental prestaram assistência aos hospitais públicos nas áreas de auditoria de RAC e formação de funcionários públicos de saúde e pessoal hospitalar no âmbito dos projectos financiados pelo Banco Mundial; Também financiaram fornecimentos e equipamento para a contentorização dos resíduos hospitalares (caixotes, sacos, etiquetas); transporte de resíduos (carrinhos), tratamento de resíduos (trituradores de agulhas, autoclaves); obras de construção civil para instalações de eliminação nos hospitais (fossas funerárias); e esforços de sensibilização e formação adicional do pessoal das unidades de saúde. Em alguns Estados, foram elaborados planos de gestão de RAC específicos para cada hospital com base em auditorias de RAC efectuadas por consultores, foram construídas instalações de eliminação no local por empreiteiros e os fornecimentos e equipamentos foram adquiridos por fornecedores.

Formação do pessoal dos estabelecimentos de saúde

No âmbito dos projectos financiados pelo Banco Mundial, os departamentos de saúde estatais ofereceram formação sobre procedimentos de gestão de RCD aos hospitais públicos. O objetivo da formação do público-alvo, quer se tratasse de administradores, era sensibilizar e facilitar a aplicação das regras indianas relativas aos resíduos biomédicos. O conteúdo e a duração do programa de formação variavam consoante o público-alvo, quer se tratasse de administradores, médicos, enfermeiros ou pessoal de limpeza.

Em Karnataka, quatro módulos de formação foram dirigidos a diferentes públicos nos hospitais públicos (médicos, enfermeiros, pessoal de limpeza e de tratamento de resíduos, doentes e visitantes). Além disso, um quinto módulo foi concebido para administradores locais e diretores de instituições-chave. O pessoal-chave dos hospitais (superintendentes de enfermagem) foi primeiro formado por pessoas-recurso (consultores, ONG). Este pessoal-chave, por sua vez, formou o restante pessoal dos seus respectivos hospitais (por exemplo, enfermeiros e pessoal de limpeza e tratamento de resíduos).

Fornecimento de materiais para instalações de cuidados de saúde

Os departamentos de saúde do Estado forneceram materiais para a gestão de PS aos hospitais públicos na Índia, no âmbito dos projectos financiados pelo Banco Mundial.

Em Andhra Pradesh, mais de 90% dos hospitais distritais receberam um ano de fornecimento de materiais de gestão de PS (caixotes de lixo e sacos coloridos, carrinhos, equipamento de proteção, etc.). Em Karnataka, os materiais de gestão de resíduos foram fornecidos aos hospitais de Bangalore e aos hospitais distritais para coincidir com a realização do programa de formação. Além disso, alguns hospitais distritais receberam cortadores de agulhas e trituradores de agulhas para teste e avaliação. No Punjab, todos os hospitais públicos receberam equipamento de proteção individual (botas de borracha e luvas) e agulhas destruídas.

Aplicação das regras relativas aos resíduos biomédicos pelas agências reguladoras estatais

As agências reguladoras da Índia para as Regras sobre Resíduos Biomédicos - os SPCBs nos estados e os Comités de Controlo da Poluição nos territórios - são responsáveis pela emissão de licenças iniciais e de renovação de operações às entidades que geram, armazenam, transportam, tratam e eliminam os BMWs. Além disso, os SPCBs e os Comités de Controlo da Poluição são responsáveis por determinar a conformidade das instalações de cuidados de saúde com as Regras sobre Resíduos Biomédicos.

Inicialmente, os prazos para as unidades de cuidados de saúde cumprirem as regras relativas aos resíduos biomédicos variavam entre 1,5 e 4,5 anos. Os calendários baseavam-se no tipo de estabelecimento de cuidados de saúde, na dimensão da população na localidade do estabelecimento de cuidados de saúde e na dimensão do estabelecimento de cuidados de saúde em termos de número de camas. Os hospitais e lares de idosos situados em cidades com mais de 300 000 habitantes, bem como os hospitais e lares de idosos situados em zonas com menos habitantes mas com maior número de camas, foram considerados mais prioritários do que os outros - e, por conseguinte, com menos tempo para cumprir a obrigação.

Dado que a aplicação das regras relativas aos resíduos biomédicos estava atrasada, as regras foram alteradas em março de 2000 para adiar por seis meses - de 31 de dezembro de 1999 para 30 de junho de 2000 - o prazo para as instalações de cuidados de saúde de maior prioridade cumprirem as regras. Todas as instalações de cuidados de saúde na Índia foram obrigadas a cumprir as regras em datas que variavam entre 30 de junho de 2000 e 31 de dezembro de 2002, dependendo do tipo e da dimensão da instalação.

CAPÍTULO-VI

GESTÃO ADEQUADA DE RESÍDUOS DE SAÚDE COMUNS (CHAMP) EM GULBARGA

A urbanização crescente conduziu a várias mudanças no sector dos cuidados de saúde na Índia. Se, por um lado, está a ser proporcionado à comunidade o acesso a serviços de saúde de ponta, o que resulta numa melhor saúde para todos, a gestão inadequada dos resíduos biomédicos provenientes destes estabelecimentos de saúde também deu origem a muitos problemas ambientais e de saúde, negando assim os benefícios da expansão do sector da saúde. A eliminação dos resíduos biomédicos tem sido aleatória e não planeada em todo o país, embora a gestão dos resíduos hospitalares seja parte integrante do programa de controlo das infecções hospitalares e as regras relativas aos resíduos biomédicos (gestão e manuseamento) de 1998, promulgadas pelo Ministério do Ambiente e das Florestas do Governo da Índia, tornem obrigatório que todos os estabelecimentos de cuidados de saúde do país, grandes ou pequenos, gerem e tratem os seus resíduos de acordo com as regras. Muitas infecções propagaram-se entre a comunidade em resultado deste incumprimento e devido à eliminação indiscriminada de resíduos inadequadamente tratados ou eliminados sem tratamento. O armazenamento, o transporte e a eliminação inadequados de diferentes tipos de resíduos hospitalares, como material cortante, algodão e pensos infectados ou embebidos em sangue, resíduos patológicos, plásticos infectados, etc., provocaram o aumento e a propagação de infecções hospitalares associadas e de estirpes multirresistentes, que deram origem a taxas mais elevadas de morbilidade e, por vezes, de mortalidade. Por conseguinte, foi iniciado o projeto "Programa de educação e gestão de resíduos de estabelecimentos de cuidados de saúde (HEWMEP)", que visava sensibilizar e fornecer medidas atenuantes para conseguir o controlo de infecções nos estabelecimentos de cuidados de saúde e nas suas imediações através de práticas adequadas de gestão de resíduos hospitalares, em conjunto com o Estado, os responsáveis estatais e as ONG.

No âmbito do projeto HEWMEP implementado na cidade de Gulbarga, em Karnataka, na Índia, para além da educação e formação generalizadas que foram proporcionadas a todos os intervenientes estatais, foi decidido que seria criada uma instalação comum de gestão adequada de resíduos de cuidados de saúde (CHAMP). Seria também criada uma instalação de tratamento comum para a gestão de resíduos biomédicos. Este projeto foi financiado pelo Programa Ambiental Indo-Norueguês (INEP), Governo de Karnataka.

CAMPEÃO

Instalação comum de gestão adequada de resíduos de cuidados de saúde (CHAMP):

Este projeto, que teve início com o apoio do INEP em Karnataka, visava formular um sistema adequado de gestão de resíduos biomédicos, com a devida ênfase na educação e sensibilização para o manuseamento e gestão de resíduos biomédicos por parte do pessoal de saúde e do público em geral.

Atualmente, a CHAMP cobre 99% dos estabelecimentos de saúde com camas e 1/4 dos estabelecimentos de saúde sem camas. Foi concluído o fabrico do carrinho que será acoplado ao jipe de recolha para facilitar o alargamento dos serviços da CHAMP aos estabelecimentos de saúde ainda não abrangidos. Foram comprados dois triciclos para iniciar a recolha nos estabelecimentos de saúde sem camas situados nas ruas estreitas de Gulbarga, onde o camião de recolha ou o jipe com carrinho não podem entrar para recolher os resíduos biomédicos. Foram também iniciados os trabalhos preliminares para integrar os talukas vizinhos do distrito de Gulbarga nos serviços da CHAMP.

O INEP concordou em conceder ao CEE, Gulbarga uma prorrogação de 5 anos para continuar com a operação e manutenção do CHAMP CTF.

O grupo de Gestão de Resíduos e Recursos (WaRM) propôs a criação de um centro de estudos principalmente em Gulbarga e também em 5 estados da Índia, para o programa de certificação em Gestão de Resíduos de Cuidados de Saúde conduzido pela Indira Gandhi National Open University (IGNOU).

HEWMEP Gulbarga e CHAMP

Todas as componentes do HEWMEP foram implementadas de forma abrangente na cidade de Gulbarga, em Karnataka, com o apoio financeiro do Programa Ambiental Indo-Norueguês, Governo de Karnataka.

O projeto HEWMEP Gulbarga envolveu a conceção e a criação de uma instalação comum totalmente operacional para a recolha, transporte, tratamento e eliminação de resíduos biomédicos de todas as HCE da cidade de Gulbarga. A CBWTF intitula-se "Instalação Comum de Gestão Adequada de Resíduos de Cuidados de Saúde" ou, abreviadamente, "CHAMP" e está a funcionar desde 2005.

Assim, o projeto HEWMEP Gulbarga foi abordado a dois níveis, o hardware, ou seja, a instalação comum e a infraestrutura, e o software, ou seja, o reforço das capacidades dos vários intervenientes. A componente de hardware do projeto HEWMEP Gulbarga consistiu na conceção e instalação do CHAMP, uma instalação integrada de gestão de resíduos sólidos urbanos que inclui todas as actividades no âmbito das melhores práticas de gestão de resíduos sólidos urbanos, ou seja, recolha, transporte, armazenamento, tratamento e eliminação através de métodos adequados. A componente de software do projeto

A "Educação e Formação" tem sido uma parte integrante do projeto, tal como mandatado pelo HEWMEP. As actividades do HEWMEP de Gulbarga e, subsequentemente, da CHAMP CBWTF, foram concebidas para atingir níveis elevados de segregação e minimização de resíduos, recolha, armazenamento e transporte científicos e eliminação de resíduos biomédicos de uma forma ecológica e tecnologicamente correta.

CAMPEÃO

INSTALAÇÃO COMUM DE TRATAMENTO DE RESÍDUOS BIO-MÉDICOS EM GULBARGA

A instalação comum de tratamento de resíduos biomédicos em Gulbarga é designada por Instalação Comum de Gestão Adequada de Resíduos de Cuidados de Saúde (CHAMP).

- O CHAMP em Gulbarga serve todos os estabelecimentos de cuidados de saúde (HCE) da cidade de Gulbarga e alarga os seus serviços a outros HCE do distrito e dos distritos vizinhos.
- Atualmente, a instalação trata mais de 1,5 toneladas de resíduos biomédicos por dia de cerca de 400 HCE com mais de 2500 camas e também de 300 estabelecimentos sem camas.
- A instalação tem por objetivo a recolha, o transporte, o armazenamento, o tratamento e a eliminação de resíduos biomédicos de cerca de 10 000 camas nos distritos do norte de Karnataka.

O HEWMEP Gulbarga alcança os seguintes objectivos nas instalações HCES e CHAMP

- Minimização de resíduos
- Segregação na fonte Recolha
- Armazenamento
- Transporte
- Tratamento
- Eliminação de resíduos biomédicos de uma forma ecológica e tecnologicamente correta
- Formação do pessoal envolvido no BMWM
- Sensibilização do público
- Gestão economicamente viável da instalação CHAMP

A instalação possui - dois veículos especialmente fabricados para o transporte de resíduos biomédicos dos HCEs para a instalação

Veículo especialmente fabricado para o transporte do BMW

a. Instalação de armazenamento a frio no local para armazenar os resíduos biomédicos de forma segura antes do tratamento

Arrecadação

b. Instalações de tratamento, tais como a incineradora, dois autoclaves modificados, um gestor de objectos metálicos cortantes e uma ETP para o tratamento das águas residuais geradas nas instalações

c. Técnicas ecológicas como a utilização de sacos de papel revestidos a cera para a recolha e tratamento de resíduos sujos para facilitar o seu tratamento, aquecedor solar de água para complementar as necessidades de água quente no local e venda de resíduos esterilizados, limpos e triturados para reciclagem

Como é que o CHAMP foi alcançado em Gulbarga?

Foram formados os seguintes comités para o HEWMEP de Gulbarga com a ajuda da administração distrital, dos estabelecimentos médicos e paramédicos e do Governo de Karnataka.

- Comité de Execução Distrital, chefiado pelo Divisional Commissioner, Gulbarga, que administrava o
- Comité das Instalações Comuns presidido pelo Comissário Adjunto, Gulbarga
- Comités de Construção e de Compras chefiados pelo Engenheiro-Chefe e pelos Coordenadores da CEE e do INEP, respetivamente
- Comités técnicos e financeiros a nível estatal compostos por peritos do Instituto Indiano de Ciência (ICS), do Projeto de Desenvolvimento dos Sistemas de Saúde de Karnataka (KHSDP), do INEP e da CEE.

Tratamento no sítio CHAMP em Gulbarga

O tratamento nas instalações do CT-TAMP, em Gulbarga, é efectuado de acordo com o Anexo 1 e 2 da Regra 5 das Regras de Resíduos Biomédicos (Gestão e Manuseamento) de 1998 e suas alterações subsequentes, juntamente com as orientações da CPCB publicadas em 2003.

Para garantir a eficácia do tratamento, o projeto visa atingir 100% de segregação dos resíduos na fonte, ou seja, nos HCE e noutros estabelecimentos médicos e de investigação.

Pormenores do equipamento, tratamento e eliminação

- Incinerador com capacidade de 50 kgs/hora para tratamento de resíduos das categorias 1 e 2
- Autoclaves modificados, em número de 2, com capacidade de 100 kg por hora cada, para tratamento de resíduos das categorias 3, 4, 6 e 7
- Gestor de objectos cortantes de metal, 1 em número para o tratamento de objectos cortantes de metal, que faz parte da categoria 4
- ETP para o efluente líquido gerado no local do Cl-TAMP.

Incineração para tratamento de resíduos infecciosos

Incinerador com capacidade de 50 kgs/hora nas instalações da CHAMP

A queima controlada de resíduos a altas temperaturas é designada por incineração e, na CHAMP, esta é efectuada num incinerador de câmara dupla com uma capacidade de 5okgs/hora, com dispositivos de controlo da poluição totalmente equipados, em conformidade com as últimas orientações emitidas pela CPCB em setembro de 2003.

Os resíduos são queimados na câmara primária a 800-850°C e os gases voláteis emitidos são novamente queimados na câmara secundária a 1050-1100°C (tempo de residência de 2 segundos).

A manutenção de temperaturas elevadas, tal como especificado, com arrefecimento imediato com água, é assegurada através de um procedimento operado por PLC para evitar a formação de gases tóxicos, tais como dioxinas e furanos. O tempo de ciclo é de cerca de 1 hora. O volume é significativamente reduzido com esterilização assegurada e destruição de microorganismos.

Tratamento em autoclaves modificados

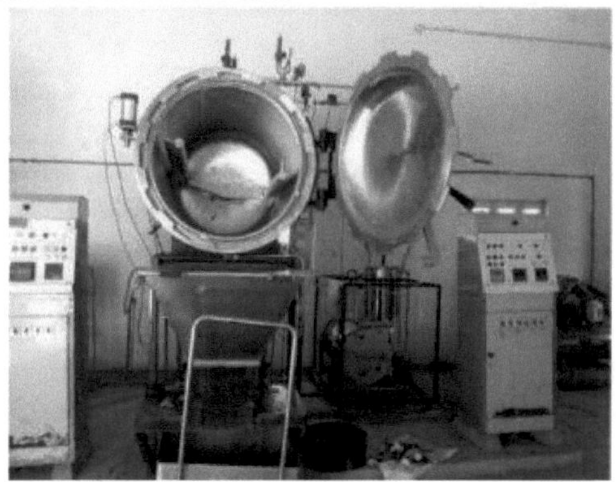

100 kgs/ hr cada - Autoclaves modificados

O vapor é aplicado dentro de uma camisa de parede dupla sob pressão para atingir a temperatura necessária de 121°C ou 135°C e mantê-la durante o tempo especificado para garantir uma esterilização de 4 a 6 log.
Os resíduos a esterilizar, recolhidos em diferentes categorias e revestidos com um código de cores, são introduzidos na câmara onde são misturados, desidratados, esterilizados e mutilados.
Os resíduos são agitados internamente e fragmentados para atingir um elevado nível de esterilização. A esterilização a vapor, combinada com a desidratação, resulta em resíduos secos, substancialmente reduzidos em peso e volume.
Este método é utilizado para tratar resíduos patológicos, incluindo resíduos microbiológicos, plásticos infecciosos e vidro infecioso em lotes separados.

Triturador da unidade de autoclave

Os resíduos desinfectados são automaticamente introduzidos no triturador, que mutila mecanicamente os artigos esterilizados de diferentes categorias em pequenos pedaços irreconhecíveis, enquanto são lavados com água quente do aquecedor solar para garantir a trituração, a limpeza para evitar a reinfeção e a prevenção da poluição por partículas.
Os resíduos esterilizados, limpos e triturados são depois armazenados antes de serem vendidos para reciclagem.

Tratamento de objectos cortantes de metal no Gestor de objectos cortantes de metal

Capacidade de 10 kgs / hr Gestor de objectos cortantes de metal para resíduos de objectos cortantes de metal

Nas HCE individuais, são fornecidas caixas de metal para objectos cortantes em aço macio, à prova de perfuração. A caixa tem um sistema de fechadura que separa as agulhas das seringas, que são depois colocadas automaticamente no contentor.
Uma abertura protegida na caixa metálica para objectos cortantes destina-se a deixar cair lâminas, agulhas de cânula, lancetas descartáveis e suturas diretamente na caixa.
As caixas de metal afiado cheias de resíduos de metal afiado são recolhidas dos HCEs e trazidas para o local. A caixa é colocada confortavelmente em cima de uma tremonha na máquina de gestão de objectos cortantes de metal que é mantida nas instalações, os objectos cortantes de metal na caixa caem na tremonha e são mutilados e esterilizados com calor seco num forno de ar quente a 164°C durante uma hora e

meia, após o que são armazenados em caixas à prova de perfuração antes de serem vendidos a recicladores.

Medicamentos fora de uso, drogas citotóxicas e cinzas de incineração

A categoria 5 inclui medicamentos e citotóxicos fora de prazo, contaminados e fora de uso, que devem ser eliminados cuidadosamente em aterros seguros.

A categoria 9 é constituída por cinzas de incineração e a categoria 10 por outros resíduos químicos.

As categorias 9 e 10, tal como a categoria 5, têm de ser eliminadas de forma segura em aterros sanitários seguros.

Os resíduos supramencionados são separados na fonte, armazenados e transportados em invólucros de plástico de cor preta e armazenados em áreas de armazenamento temporário na CHAMP. Estes resíduos serão eliminados num aterro sanitário seguro a construir em breve pela Gulbarga Muncipal Corporation.

Enterramento profundo no sítio CHAMP

Um poço de enterramento profundo no CHAMP de acordo com as regras do BMWM (Construído)

O enterramento em profundidade é a opção de reserva em caso de avaria do incinerador para os resíduos infecciosos das categorias 1 e 2. Para o efeito, é construída no local uma fossa de enterramento profundo, em conformidade com as regras do BMWM, que é utilizada como reserva em caso de avaria ou de manutenção prolongada do incinerador.

ETP no local

O enterramento em profundidade é a opção de reserva em caso de avaria do incinerador para os resíduos infecciosos das categorias 1 e 2. Para o efeito, é construída no local uma fossa de enterramento profundo, em conformidade com as regras do BMWM, que é utilizada como reserva em caso de avaria ou de manutenção prolongada do incinerador.

Os efluentes líquidos provenientes da condensação da água de arrefecimento no incinerador, das autoclaves, da lavagem dos resíduos esterilizados nos trituradores, das lavagens das salas, da lavagem dos veículos de transporte, etc., são tratados na estação de tratamento de efluentes líquidos (ETP), utilizando o princípio das lagoas de oxidação. As lamas sedimentadas destes tanques devem ser periodicamente removidas, compostadas e utilizadas para plantação na instalação.

Educação e formação em gestão de resíduos biomédicos

A educação e a formação são uma componente integral do HEWMEP e, por conseguinte, foi elaborado e distribuído a todos os HCE material didático adequado em inglês-hindi e inglês-kannada, tendo sido ministrada formação em conformidade.

A formação do pessoal do HCE está a ser feita a diferentes níveis. Isto inclui médicos, enfermeiros, administradores, pessoal paramédico, pessoal de limpeza, de engenharia, de cozinha e de lavandaria, ayahs, meninos de enfermaria, pessoal de segurança, jardineiros, apanhadores de trapos, classificadores, reprocessadores e pessoal em diferentes departamentos e áreas nos hospitais que estão envolvidos no BMWM.

Estão a ser preparados, publicados e distribuídos diferentes tipos de material didático aprovado pela OMS, pelo MoEF, pelo GOI e pelo INEP, durante os seminários de formação.

Âmbito do projeto HEWMEP Gulbarga

O projeto HEWMEP de Gulbarga serve todos os HCEs da cidade de Gulbarga. A instalação está a expandir os seus serviços aos HCEs dos taluks do distrito de Gulbarga e do distrito vizinho de Bidar.

Os resíduos biomédicos provenientes dos taluks do distrito de Gulbarga e dos distritos vizinhos serão transportados para a instalação e tratados a um custo razoável. O custo do tratamento e da eliminação a suportar pelos utilizadores (ou seja, as HCE) deve ser fixado mutuamente. As taxas de serviço não incluem o custo dos revestimentos e outros contentores que são suportados pelas respectivas HCE em função das suas necessidades.

Uma vez que as diretrizes da CPCB sugerem que deve haver uma instalação para cada 10 000 camas, a CEE está a tentar fazer o seu melhor para que a instalação CHAMP em Gulbarga disponha de eletricidade, água e veículos de transporte adequados para servir 10 000 camas nos distritos do norte de Karnataka, o que se revelará económico tanto para o governo como para a instalação.

HEWMEP Gulbarga

Através do Programa de Educação e Gestão de Resíduos de Estabelecimentos de Saúde (HEWMEP) Gulbarga, o objetivo do CEE e do INEP tem sido:

- Sensibilizar o público em geral para os resíduos biomédicos (RMB), os seus perigos e métodos de atenuação.
- Dar formação aos profissionais de saúde sobre a metodologia de gestão adequada dos resíduos biomédicos (BMWM) nos seus estabelecimentos de cuidados de saúde (HCE).
- Criar em Gulbarga uma instalação comum modelo totalmente operacional para a

recolha, transporte, tratamento e eliminação de resíduos biomédicos.

- Gerir a unidade comum de gestão adequada de resíduos de cuidados de saúde (CHAMP) assim criada, de forma ambientalmente sustentável e economicamente viável.
- Preparar materiais educativos relativos à gestão de resíduos biomédicos e divulgá-los através de programas de formação, workshops e meios de comunicação social a outras instalações comuns e empresários.

Sobre a CEE

O Centro de Educação Ambiental (CEE) é um Centro de Excelência apoiado pelo Ministério do Ambiente e das Florestas (MoEF), Governo da Índia.

Através dos seus vários projectos e programas, a CEE cria uma consciência ambiental entre o público em geral, os jovens, as mulheres, as crianças, os estudantes, as organizações governamentais e não governamentais, os decisores, a indústria e outros.

A instalação CHAMP é agora utilizada como modelo para replicação, e as experiências e aprendizagens que surgiram da experiência HEWMEP têm sido partilhadas regularmente em workshops e seminários. Os esforços da CEE estão direcionados para levar o conceito adiante e traduzi-lo em instalações semelhantes noutros locais.

Aquecedor solar de água para complementar as necessidades de água quente no local

CAPÍTULO-VII

O PAPEL DO SECTOR PRIVADO NA PRESTAÇÃO DE SERVIÇOS DE GESTÃO DE RESÍDUOS

O sector privado tem vindo a envolver-se cada vez mais na prestação de serviços de gestão de ACS, como se verá mais adiante. No entanto, o sector público também está envolvido, normalmente em unidades de saúde rurais e em algumas unidades de saúde urbanas pertencentes ao Estado. Os funcionários designados nas unidades de saúde, após formação, estão geralmente envolvidos na segregação, transferência, armazenamento, tratamento e eliminação de resíduos nas suas instalações. As incineradoras dos estabelecimentos de saúde públicos foram destruídas pelo seu próprio pessoal. Alguns estabelecimentos públicos de cuidados de saúde com capacidade excedentária para tratar os BMW prestaram serviços a outros estabelecimentos de cuidados de saúde nas suas imediações. Em Gulbarga, Karnataka, há indicações de que uma organização financiada pelo Governo da Índia, o Center for Environment Education, planeia construir e operar a CWTF para os BMW. Em Thane, Maharashtra, foi criada uma CWTF em 2003 num complexo hospitalar municipal (Chattrapati Shivaji Municipal Hospital) através de uma iniciativa conjunta do sector público e das ONG. A CWTF, que entrou em funcionamento em 2003, inclui um incinerador (com uma função de recuperação de energia) e um autoclave para tratar os BMW separados recebidos de 5 hospitais públicos e 70 hospitais privados. Os custos do tratamento de resíduos são de Rs. 5,70/leito/dia (cerca de US$0,12/leito/dia) para um hospital geral ou clínica e Rs. 7,70/leito/dia (US$0,15/leito/dia) para instalações com serviços obstétricos e ginecológicos.

Serviços de gestão de resíduos no local

Como parte da mudança de cultura resultante da aplicação das regras relativas aos resíduos biomédicos na Índia, o envolvimento do sector privado na prestação de serviços de gestão de RCD no local ganhou importância no sector da saúde indiano. Alguns hospitais públicos celebraram contratos com organizações do sector privado para a prestação de serviços de gestão de resíduos no local, anteriormente realizados pelo pessoal das unidades de saúde. Em Bengala Ocidental, por exemplo, os serviços de limpeza em todos os 75 hospitais públicos com mais de 100 camas foram contratados ao sector privado. Até à data, a experiência do recurso a contratantes privados tem sido geralmente positiva. As melhorias significativas na limpeza geral e nas condições sanitárias são apreciadas pelo pessoal dos estabelecimentos de saúde, pelos doentes e pelos seus visitantes e conduziram a uma mudança positiva na opinião pública. É de esperar que haja resistência à privatização dos serviços por parte do pessoal das unidades de saúde, preocupado com a perda dos seus empregos. Em Bengala Ocidental, num esforço para reduzir a resistência do pessoal, a contratação de serviços de limpeza foi alargada às áreas interiores de apenas 10 hospitais públicos (Ornirsal e Setlur 2002).

Serviços de gestão de resíduos fora do local

Recentemente, tem-se verificado uma participação crescente de empresas do sector privado na prestação de serviços de gestão de RSU fora do local. Na área de Twin City, em Andhra Pradesh, por exemplo, o governo estatal incentivou a adoção de um esquema em que uma empresa do sector privado constrói, possui e explora duas CWTF sem subsídios diretos. O incentivo governamental consistiu numa garantia quanto ao número de instalações de cuidados de saúde e de camas associadas servidas pelos investidores. Assim, a uma CWTF privada que serve as cidades gémeas (Hyderabad e Secunderabad) foram atribuídos 125 estabelecimentos de saúde públicos e privados, num total de 10 000 camas, e a outra CWTF privada foram atribuídos 250 estabelecimentos de saúde públicos e privados, com o mesmo número de camas.

Cada operador privado de CWTF em Andhra Pradesh é responsável por recolher os BMW das instalações atribuídas, transportá-los para a respectiva CWTF e tratar e eliminar os resíduos tratados em conformidade com as regras indianas em matéria de resíduos biomédicos e com os requisitos estatais. Em Andhra Pradesh, cada estabelecimento de saúde servido pela CWTF explorada pela GJ Multiclave Pvt.

Em Karnataka, as duas CWTF de Bangalore e a de Mysore utilizam o modelo de construção e exploração do sector privado. A estrutura tarifária em Karnataka para os serviços de recolha, tratamento e eliminação de resíduos de BMW é a mesma que em Andhra Pradesh. Para os estabelecimentos de saúde com camas, as tarifas são de 3,25 rupias/cama/dia (cerca de 0,07 dólares/cama/dia) em Bangalore e Mysore, e de 1,25 rupias/cama/dia em Belgaum. Para as instalações de cuidados de saúde sem camas (por exemplo, clínicas), a taxa é de 300 rupias/mês (cerca de 6 dólares americanos). As taxas são estabelecidas através de negociações entre o proprietário da CWTF e a Associação Médica Indiana - Associação de Médicos Privados.

Em Kerala, o governo estatal constituiu um comité consultivo para selecionar investidores do sector privado para as CWTF através de um processo de concurso. No âmbito do regime adotado, o sector privado constrói, detém a propriedade e explora ou arrenda as CWTF em quatro regiões identificadas do Estado (zonas urbanas e rurais), sendo igualmente responsável pela recolha e transporte dos BMW das instalações designadas para a CWTF. O sector privado é igualmente responsável pela recolha e pelo transporte dos BMW das instalações designadas para o CWTF. Não estão envolvidos quaisquer subsídios, à exceção de um subsídio do governo estatal de cinco acres de terra para cada CWTF. Além disso, o governo do Estado incentiva o sector privado, garantindo o número de estabelecimentos de saúde e de camas a envolver e dando formação ao pessoal dos estabelecimentos de saúde sobre a gestão dos RCD. Tendo fixado a taxa de utilização para as unidades de saúde privadas, o Estado escolhe investidores privados para construir e explorar as CWTF com base na proposta de preço mais baixo apresentada pelas unidades de saúde públicas. Após a construção da ETAR, é-lhe concedida uma autorização provisória por um período experimental de três anos e, durante este período experimental, espera-se que a ETAR esteja a funcionar em total conformidade com as regras relativas aos resíduos biomédicos. No caso de a autorização não ser renovada, será oferecido ao operador o preço da CWTF após a amortização.

A CWTF de Jamalpur, no Punjab, é outro exemplo de um sistema de construção e exploração do sector privado para a gestão dos resíduos de cuidados de saúde. O sector privado é responsável pelo transporte de cerca de 5 000 kg/dia de RCD das instalações de cuidados de saúde da área de Ludhiana (com um total de 7 000 camas) para a CWTF. As tecnologias de tratamento selecionadas na CWTF são a incineração e a autoclavagem. O investimento de capital da CWTF é de 10 milhões de rupias (cerca de 200 000 dólares). A taxa estabelecida para a unidade de saúde é de 2,7 rupias/leito/dia (cerca de 0,05 dólares/leito/dia) e o transporte é gratuito até uma distância de 25 km da CWTF. O custo do transporte aumenta para Rs. 0,5/leito/dia (cerca de US$0,01/leito/dia) até 100 km e para Rs. 1,0/leito/dia (cerca de US$0,02/leito/dia) para distâncias maiores.

O projeto de orientações para os CWTF, emitido pela CPCB, fornece orientações claras para a gestão dos BMW nas instalações de cuidados de saúde situadas num raio de 150 km das zonas urbanas da Índia. Por conseguinte, a instalação de novos incineradores em instalações de cuidados de saúde será objeto de um controlo muito mais rigoroso no âmbito do processo de aprovação especial do CPCB. Os resíduos anatómicos humanos e animais, que requerem incineração em grandes áreas urbanas, serão provavelmente enviados para CWTFs para incineração sempre que possível. Relativamente aos resíduos sujos, microbiológicos e biotecnológicos, será necessário avaliar as opções de tratamento no local ou em CWTF, tendo em conta a estratégia de gestão estatal ou local dos BMW, bem como os custos relativos. Por exemplo, o Tata Mumbai Memorial Hospital, em Mumbai, encerrou voluntariamente o seu incinerador no local porque as suas emissões atmosféricas não estavam em conformidade com as regras relativas aos resíduos biomédicos. Os resíduos anatómicos humanos são agora enviados para um crematório, os produtos químicos para um incinerador municipal e os outros resíduos biomédicos para uma nova hidroclave nas instalações do hospital. Em Nova Deli, há pelo menos oito hospitais (incluindo o Sanjay Gandhi Memorial Hospital) que utilizam autoclaves para o tratamento de resíduos biomédicos.

As abordagens iniciais aqui descritas mostram formas interessantes de resolver o problema da "galinha e do ovo", que consiste em encorajar o fornecimento privado de CWTF antes de o mercado comercial para essas instalações estar plenamente demonstrado. A experiência adquirida com estes sistemas, após os primeiros anos de funcionamento, será útil para alargar a cobertura de CWTF devidamente exploradas e regulamentadas.

CAPÍTULO-VII

RESULTADO

GESTÃO DOS RESÍDUOS BIOMÉDICOS NO HOSPITAL DE BASWESHWAR

Nome das secções do hospital

1 . Causalidade

2 . Cuidados médicos agudos

3 . Tratamento do trauma

4 . Banco de sangue
5 . Lavagem e esterilização
6 . Laboratório de infecções e laboratório de serologia
7 . Sala de hemorragia
8 . Radiografia
9 . Serviço de Ortopedia
10 . Serviço de Cirurgia
11 . Pele e UDL OPD
12 Serviço médico
13 .ENT OPD
14 .ENT OT principal
15 Enfermaria de olhos
16 Enfermaria para mulheres
17 Enfermaria para homens
18 Enfermaria de pele masculina
19 Enfermaria de pele feminina
20 Tórax e tuberculose (Mulher)
21 Tórax e tuberculose (homem)
22 . Sala especial (13)
23 Centro de recolha comum
24 Laboratório de patologia
25 Laboratório de microbiologia
26 Enfermaria de ortopedia masculina (unidades A, B e C)
27 . SICU
28 MICU
29.ICCU
30. Centro RNTCP
31. Unidade de diálise
32. Enfermaria de ortopedia feminina (unidade A, B C)
33. enfermaria de Ortopedia masculina
34. T.O. ortopédico
35. UCIP
36. UTI Neurológica
37. Enfermaria de isolamento
38. Cirurgia OT
39. Enfermaria pós-operatória
40. Enfermaria de obstetrícia
41. UCI NEONATAL
42. Obstetrícia e ginecologia Salas de operações
43. Sala de parto
44. Enfermaria de cirurgia (A, B, C)
45. Enfermaria de cirurgia masculina

46. Enfermaria de Cirurgia Feminina
47. Enfermaria de pele feminina
48. Enfermaria de pediatria
49. Enfermaria feminina
50. Enfermaria de medicina masculina (A,B)
51. Vestiário feminino
52. Vestiário masculino
53. OncologiaOPD
54. Consultório oftalmológico
55. Departamento de DVL (Dermatologia, Venerologia e Lepra)
56. Centro de tomografia computorizada
57. Imagem por ressonância magnética (MRI)
58. Radiografia por ressonância magnética
59. Ultrassonografia
60. Mamografia e doppler a cores
61. Consultório de ginecologia
62. OPD de Oibstetrícia
63. Consultório pediátrico
64. Enfermaria de psiquiatria
65. Serviço de pediatria

QUANTIFICAÇÃO DOS RESÍDUOS BIOLÓGICOS NO HOSPITAL GERAL E DE ENSINO DE BASAVESHWAR, GULBARGA

SI. Não -	Nome de Enfermarias	Data de quantificação de 24-04-2013 a 29-04-2013	Quantidade média de resíduos em Kgs/por dia						Número total de camas	Número médio de Doentes por dia
			Preto	Amarelo	Branco	Azul	Vermelho	Verde		
1	Causalidade		Sem contentor	1	1	Sem contentor	2	Sem contentor	3	
2	Cuidados médicos agudos		Sem contentor	2	2	3	4	Sem contentor	23	20
3	Tratamento de traumatismos		Sem contentor	0.35	3	2	2	Sem contentor		
4	Banco de sangue		2	1	Sem contentor	Sem contentor	2	Sem contentor	14	12
5	Lavagem e esterilização		Sem contentor	4	Sem contentor	Sem contentor	Sem contentor	Sem contentor	14	12
6	Laboratório de infecções e laboratório de serologia		Sem contentor	Sem contentor	Sem contentor	Sem contentor	Sem contentor	Sem contentor		

SI. Não -	Nome de Enfermarias	Data de quantificação de 24-04-2013 a 29-04-2013	Quantidade média de resíduos em Kgs/por dia						Número total de camas	Número médio de Doentes por dia
			Preto	Amarelo	Branco	Azul	Vermelho	Verde		
7	Sala de hemorragia		Sem contentor	Sem contentor	Sem contentor	Sem contentor	Sem contentor	Sem contentor		
8	Radiografia		Sem contentor	Sem contentor	Sem contentor	Sem contentor	Sem contentor	Sem contentor		
9	Ortopedia OPD		Caixote do lixo comum	Caixote do lixo comum	Caixote do lixo comum	Caixote do lixo comum	Caixote do lixo comum	Caixote do lixo comum		
10	Serviço de Cirurgia		Caixote do lixo comum	Caixote do lixo comum	Caixote do lixo comum	Caixote do lixo comum	Caixote do lixo comum	Caixote do lixo comum		
11	Pele e UDL OPD		Caixote do lixo comum	Caixote do lixo comum	Caixote do lixo comum	Caixote do lixo comum	Caixote do lixo comum	Caixote do lixo comum		
12	Consultório médico		Comm on	Comm on	Comm on	Comm on	Common	Comm on		

SI. Não -	Nome de Enfermarias	Data de quantificação de 24-04-2013 a 29-04-2013	Quantidade média de resíduos em Kgs/por dia						Número total de camas	Número médio de Doentes por dia
			Preto	Amarelo	Branco	Azul	Vermelho	Verde		
			caixote do lixo	caixote do lixo	caixote do lixo	caixote do lixo	caixote do lixo	caixote do lixo		
13	SERVIÇO DE ORL		Caixote do lixo comum	Caixote do lixo comum	Caixote do lixo comum	Caixote do lixo comum	Caixote do lixo comum	Caixote do lixo comum		
14	Major ENT OT		Sem contentor	0.35	1	1	4	Caixote do lixo comum	17	5
15	Enfermaria dos olhos		3	0.45	Sem contentor	Vazio	1	Caixote do lixo comum	12	6
16	Enfermaria de olhos femininos		Sem contentor	Sem contentor	Sem contentor	Sem contentor	Sem contentor	Sem contentor	28	Nenhum doente
17	Enfermaria masculina de olhos		Sem contentor	Sem contentor	Sem contentor	Sem contentor	Sem contentor	Sem contentor	11	Nenhum doente

SI. Não -	Nome de Enfermarias	Data de quantificação de 24-04-2013 a 29-04-2013	Quantidade média de resíduos em Kgs/por dia						Número total de camas	Número médio de Doentes por dia
			Preto	Amarelo	Branco	Azul	Vermelho	Verde		
18	Enfermaria de pele masculina		Sem contentor	Sem contentor	Sem contentor	Sem contentor	Sem contentor	Sem contentor	21	Nenhum doente
19	Enfermaria de pele feminina		Sem contentor	Sem contentor	Sem contentor	Sem contentor	Sem contentor	Sem contentor	17	Nenhum doente
20	Tórax e TB (Feminino)		Sem contentor	Sem contentor	Sem contentor	Sem contentor	Sem contentor	Sem contentor	12	Nenhum doente
21	Tórax e TB (Homem)		Sem contentor	Sem contentor	Sem contentor	Sem contentor	Sem contentor	Sem contentor	18	Nenhum doente
22	Sala especial (13)		1	0.55	Sem contentor	Sem contentor	5	Sem contentor	13	11
23	Centro de recolha comum		2	1	Sem contentor	Sem contentor	0.50	1		
24	Laboratório de patologia		Comm on	Comm on	Comm on	Comm on	Commo n	Comm on		

SI. Não -	Nome de Enfermarias	Data de quantificação de 24-04-2013 a 29-04-2013	Quantidade média de resíduos em Kgs/por dia						Número total de camas	Número médio de Doentes por dia
			Preto	Amarelo	Branco	Azul	Vermelho	Verde		
			caixote do lixo	caixote do lixo	caixote do lixo	caixote do lixo	caixote do lixo	caixote do lixo		
25	Laboratório de microbiologia		Sem contentor	Sem contentor	Sem contentor	1	1	Sem contentor		
26	Enfermaria de Ortopedia masculina (A, B Unidade C)		Vazio	0.3	Sem contentor	Sem contentor	2	Sem contentor	51	48
27	UCIP		Sem contentor	Vazio	Sem contentor	0.4	0.6	Sem contentor	17	11
28	MICU		Sem contentor	Sem contentor	Sem contentor	Sem contentor	Sem contentor	Sem contentor	17	14
29	ICCU		1	2	Sem contentor	2	2	Sem contentor	9	8
30	Centro RNTCP		Sem contentor	Sem contentor	Sem contentor	Sem contentor	Sem contentor	Sem contentor	14	14
31	Unidade de diálise		Sem contentor	2	Sem contentor	Sem contentor	1	Sem contentor	13	Nenhum doente

SI. Não -	Nome de Enfermarias	Data de quantificação de 24-04-2013 a 29-04-2013	Quantidade média de resíduos em Kgs/por dia						Número total de camas	Número médio de Doentes por dia
			Preto	Amarelo	Branco	Azul	Vermelho	Verde		
32	Enfermaria de ortopedia feminina (unidade A,B C)		Sem contentor	2	0.25	0.15	2	Sem contentor	39	18
33	enfermaria de Ortopedia masculina		Sem contentor	Sem contentor	Sem contentor	Sem contentor	Sem contentor	Sem contentor	9	6
34	T.O. ortopédico		Sem contentor	1	Sem contentor	1	1	Sem contentor		
35	UCIP		Sem contentor	Sem contentor	Sem contentor	Sem contentor	Sem contentor	Sem contentor	21	20
36	UTI Neurológica		Vazio	Vazio	Vazio	Vazio	Vazio	Sem contentor	8	Nenhum doente
37	Enfermaria de isolamento		Sem contentor	Sem contentor	Sem contentor	Sem contentor	Sem contentor	Sem contentor	4	3
38	Cirurgia OT		Sem contentor	1	Sem contentor	Sem contentor	1	Sem contentor		
39	Pós-operatório		Sem contentor	0.35	Sem contentor	Sem contentor	2	Sem contentor	6	4

SI. Não -	Nome de Enfermarias	Data de quantificação de 24-04-2013 a 29-04-2013	Quantidade média de resíduos em Kgs/por dia						Número total de camas	Número médio de Doentes por dia
			Preto	Amarelo	Branco	Azul	Vermelho	Verde		
	ala									
40	Enfermaria de obstetrícia		Sem contentor	Sem contentor	Sem contentor	Sem contentor	Sem contentor	Sem contentor	16	14
41	UCI NEONATAL		Sem contentor	1	Sem contentor	Sem contentor	1	1	11	9
42	Obstetrícia e ginecologia Salas de operações		Sem contentor	0.25	Sem contentor	Sem contentor	1	0.35	5	4
43	Sala de parto		1	6	Sem contentor	Sem contentor	1	Sem contentor	5	4
44	Enfermaria de cirurgia (A, B, C)		1	1	Sem contentor	Sem contentor	1	Sem contentor	21	20
45	Enfermaria de cirurgia masculina		1	2	1	2	1	2	23	20

SI. Nã o -	Nome de Enfermarias	Data de quantificação de 24-04-2013 a 29-04-2013	Quantidade média de resíduos em Kgs/por dia						Número total de camas	Número médio de Doentes por dia
			Preto	Amarelo	Branco	Azul	Vermelho	Verde		
46	Feminino Enfermaria de Cirurgia		2	1	3	4	2	3	39	21
47	Enfermaria de pele feminina		Um caixote do lixo comum	Um caixote do lixo comum	Um caixote do lixo comum	Um caixote do lixo comum	Um caixote do lixo comum	Um caixote do lixo comum		Nenhum doente
48	Enfermaria de pediatria		Um caixote do lixo comum	Um caixote do lixo comum	Um caixote do lixo comum	Um caixote do lixo comum	Um caixote do lixo comum	Um caixote do lixo comum	17	15
49	Enfermaria feminina		Um caixote do lixo comum	Um caixote do lixo comum	Um caixote do lixo comum	Um caixote do lixo comum	Um caixote do lixo comum	Um caixote do lixo comum	14	13
50	Enfermaria de medicina masculina (A,B)		Um caixote do lixo comum	Um caixote do lixo comum	Um caixote do lixo comum	Um caixote do lixo comum	Um caixote do lixo comum	Um caixote do lixo comum	16	12

SI. Não -	Nome de Enfermarias	Data de quantificação de 24-04-2013 a 29-04-2013	Quantidade média de resíduos em Kgs/por dia						Número total de camas	Número médio de Doentes por dia
			Preto	Amarelo	Branco	Azul	Vermelho	Verde		
51	Vestiário feminino		Um caixote do lixo comum	Um caixote do lixo comum	Um caixote do lixo comum	Um caixote do lixo comum	Um caixote do lixo comum	Um caixote do lixo comum		
52	Vestiário masculino		Um caixote do lixo comum	Um caixote do lixo comum	Um caixote do lixo comum	Um caixote do lixo comum	Um caixote do lixo comum	Um caixote do lixo comum		
53	OncologiaOPD		Um caixote do lixo comum	Um caixote do lixo comum	Um caixote do lixo comum	Um caixote do lixo comum	Um caixote do lixo comum	Um caixote do lixo comum		
54	Consultório oftalmológico		Um caixote do lixo comum	Um caixote do lixo comum	Um caixote do lixo comum	Um caixote do lixo comum	Um caixote do lixo comum	Um caixote do lixo comum		
55	Departamento de DVL (Dermatologia,		Um caixote do lixo comum	Um caixote do lixo comum	Um caixote do lixo comum	Um caixote do lixo comum	Um caixote do lixo comum	Um caixote do lixo comum		

SI. Não -	Nome de Enfermarias	Data de quantificação de 24-04-2013 a 29-04-2013	Quantidade média de resíduos em Kgs/por dia						Número total de camas	Número médio de Doentes por dia
			Preto	Amarelo	Branco	Azul	Vermelho	Verde		
	Venerologia e Lepra)									
56	Centro de tomografia computorizada		Um caixote do lixo comum	Um caixote do lixo comum	Um caixote do lixo comum	Um caixote do lixo comum	Um caixote do lixo comum	Um caixote do lixo comum		
57	Imagem por ressonância magnética (MRI)		Um caixote do lixo comum	Um caixote do lixo comum	Um caixote do lixo comum	Um caixote do lixo comum	Um caixote do lixo comum	Um caixote do lixo comum		
58	Radiografia por ressonância magnética		Um caixote do lixo comum	Um caixote do lixo comum	Um caixote do lixo comum	Um caixote do lixo comum	Um caixote do lixo comum	Um caixote do lixo comum		
59	Ultrassonografia y		Um caixote do lixo comum	Um caixote do lixo comum	Um caixote do lixo comum	Um caixote do lixo comum	Um caixote do lixo comum	Um caixote do lixo comum		

Sl. Não -	Nome de Enfermarias	Data de quantificação de 24-04-2013 a 29-04-2013	Quantidade média de resíduos em Kgs/por dia						Número total de camas	Número médio de Doentes por dia
			Preto	Amarelo	Branco	Azul	Vermelho	Verde		
60	Mamografia e doppler a cores		Um caixote do lixo comum	Um caixote do lixo comum	Um caixote do lixo comum	Um caixote do lixo comum	Um caixote do lixo comum	Um caixote do lixo comum		
61	Ginecologia OPD		Sem contentor	1	Sem contentor	Sem contentor	1	1		
62	Oibstetria OPD		Sem contentor	Vazio	Sem contentor	Sem contentor	Vazio	Vazio		
63	Consultório pediátrico		Sem contentor	1	0.25	Sem contentor	Vazio	0.5		
64	Enfermaria de psiquiatria		Caixote do lixo comum	Caixote do lixo comum	2	Caixote do lixo comum	Caixote do lixo comum	Caixote do lixo comum		
65	Serviço de pediatria		Sem contentor	1	2	1	2	Sem contentor	10	8
		Total	**14**	**33.6**	**15.5**	**17.55**	**43.1**	**8.85**	**588**	**352**

Existe uma segregação adequada nas enfermarias do hospital Basaveshwara?

Sl. Não.	NOME DA ALA	SEGREGAÇÃO ADEQUADA (SIM/NÃO)
1.	Causalidade	Sim
2.	Cuidados médicos agudos	Sim
3.	Tratamento de traumatismos	Sim
4.	Banco de sangue	Não
5.	Lavagem e esterilização	Não
6.	Laboratório de infecções e de serologia	Não
7.	Sala de hemorragias	Não
8.	Radiografia	Não
9.	Serviço de Ortopedia	Não
10.	Serviço de Cirurgia	Não
11.	Pele e UDL OPD	Não
12.	Consultório médico	Não
13.	SERVIÇO DE ORL	Não
14.	Otorrinolaringologia OT principal	Não
15.	Enfermaria dos olhos	Não
16.	Enfermaria de olhos femininos	Não
17.	Enfermaria masculina de olhos	Não
18.	Enfermaria de pele masculina	Não
19.	Enfermaria de pele feminina	Não
20.	Tórax e tuberculose (Mulher)	Não
21.	Tórax e tuberculose (homem)	Não
22.	Sala especial (13)	Não
23.	Centro de recolha comum	Não
24.	Laboratório de patologia	Não
25.	Laboratório de microbiologia	Não
26.	Enfermaria de ortopedia masculina (unidades A, B e C)	Não
27.	UCIP	Não
28.	MICU	Sim
29.	ICCU	Sim
30.	Centro RNTCP	Sim
31.	Unidade de diálise	Sim
32.	Enfermaria de ortopedia feminina (unidade A, B C)	Sim
33.	enfermaria de Ortopedia masculina	Não
34.	T.O. ortopédico	Não
35.	UCIP	Não
36.	UTI Neurológica	Sim

37.	Enfermaria de isolamento	Sim
38.	Cirurgia OT	Sim
39.	Enfermaria pós-operatória	Sim
40.	Enfermaria de obstetrícia	Não
41.	UCI NEONATAL	Sim
42.	Obstetrícia e ginecologia Salas de operações	Sim
43.	Sala de parto	Sim
44.	Enfermaria de cirurgia (A, B, C)	Sim
45.	Enfermaria de cirurgia masculina	Sim
46.	Enfermaria de Cirurgia Feminina	Sim
47.	Enfermaria de pele feminina	Não
48.	Enfermaria de pediatria	Não
49.	Enfermaria feminina	Não
50.	Enfermaria de medicina masculina (A,B)	Não
51.	Vestiário feminino	Não
52.	Vestiário masculino	Não
53.	OncologiaOPD	Não
54.	Consultório oftalmológico	Não
55.	Departamento de DVL (Dermatologia, Venerologia e Lepra)	Não
56.	Centro de tomografia computorizada	Não
57.	Imagem por ressonância magnética (MRI)	Não
58.	Radiografia por ressonância magnética	Não
59.	Ultrassonografia	Não
60.	Mamografia e doppler a cores	Não
61.	Consultório de ginecologia	Sim
62.	Serviço de Obstetrícia	Não
63.	Serviço de pediatria	Sim
64.	Enfermaria de psiquiatria	Não
65.	Serviço de pediatria	Sim

RESULTADO

- No hospital, não existe uma separação adequada dos resíduos, exceto em algumas enfermarias.
- Nem todas as alas contêm todas as linhas, a maioria das alas contém principalmente três linhas, nomeadamente vermelha, amarela e verde, e algumas alas contêm vermelha, amarela e preta.
- E, por vezes, os resíduos não são depositados no contentor correto.

- Os resíduos são recolhidos e eliminados diariamente
- Os enfermeiros, os ayahs e os trabalhadores têm conhecimentos sobre a separação dos resíduos.
- Todas as enfermarias têm uma caixa de alumínio para a recolha de agulhas e seringas usadas.

GESTÃO DE RESÍDUOS HOSPITALARES BIOLÓGICOS NUM HOSPITAL PÚBLICO

Nome das alas do hospital

1 . Causalidade
2 . OT menor
3 . Enfermaria de psiquiatria
4 . Sala de injecções (masculino e feminino)
5 . Enfermaria de bebés órfãos
6 . Ala de queimados
7 . Maternidade e enfermaria PPC
8 . Ala Geral
9 . Ex-operatório (a)
10 Enfermaria pós-operatória (b)
11 Primeiro andar, grande O.T
12 Enfermaria de ortopedia masculina
13 Enfermaria de cirurgia masculina
14 Enfermaria de cirurgia séptica masculina
15 Enfermaria de ortopedia feminina
16 Enfermaria de medicina masculina
17 Centro de reabilitação nutricional
18 Enfermaria de pediatria
19 . Bloco operatório feminino
20 Quarto especial (1,2,3,4)
21. UCI Cardíaca
22.enfermaria de oftalmologia e cardiologia
23.Sala de trabalho
24. Serviço pré-natal
25.ANC ward
26. ala PNC
27. serviço de urgência
28.banco de sangue
29 Serviço médico
30 Centro RNTCTP
31 Enfermaria de pediatria
32 OPD dentária
33 Dermati, pele e SID OPD
34 Departamento de radiologia

35 OPD cirúrgico
36.Laboratório
36 Serviço de Ortopedia
38 Psiquiatria OPD
39 Sala .ARV
40 .ENT OPD
41 Olho OPD
42 UCI NEONATAL
43 Serviço de Ginecologia e Obstetrícia

QUANTIFICAÇÃO DOS BIO-RESÍDUOS NO HOSPITAL GERAL DO GOVERNO

SI. Não.	Nome de Enfermarias	Data de quantificação (de 17-03-213 a 23-03-2013)	Quantidade média de resíduos em kgs por dia						Número total de camas	Número médio de doentes por dia
			Preto	Amarelo	Branco	Azul	Vermelho	Verde		
1	Causalidade		Vazio	0.15	1	2	3	Sem contentor	3	2
2	Menor OT		Vazio	0.15	1	Vazio	2	Sem contentor	1	
3	Enfermaria de psiquiatria		Vazio	Vazio	2	2	1	3	10	1
4	Sala de injecções (masculina e feminina)		Sem contentor	0.25	1	Sem contentor	1	Sem contentor	2	
5	Enfermaria de bebés órfãos		Sem contentor	Sem contentor	Vazio	Sem contentor	Sem contentor	Sem contentor	5	3
6	Ala do vagabundo		1	0.85	3	1	3	Sem contentor	18	16
7	Maternid		0.05	0.5	5	5	1	Sem	38	26

SI. Não.	Nome de Enfermarias	Data de quantificação (de 17-03-213 a 23-03-2013)	Quantidade média de resíduos em kgs por dia						Número total de camas	Número médio de doentes por dia
			Preto	Amarelo	Branco	Azul	Vermelho	Verde		
	ade							contentor		
	e ala PPC									
8	Enfermaria geral		Sem contentor	Vazio	1	Sem contentor	Sem contentor	Sem contentor	8	6
9	Poast Bloco operatório (a)		Sem contentor	0.5	1	1	2	3	20	18
10	Enfermaria pós-operatória (b)		Sem contentor	0.5	1	2	1	4	22	16
11	Primeiro andar grande O.T		5	1	1	2	2	Sem contentor	7	4
12	Enfermaria de ortopedia masculina		2	1	1	3	2	Sem contentor	18	12
13	Cirúrgico masculino		0.07	2	1	2	3	Sem contentor	20	18
SI. Não.	**Nome de Enfermarias**	**Data de quantificação (de 17-03-213 a 23-03-2013)**	**Quantidade média de resíduos em kgs por dia**						**Número total dc camas**	**Número médio de doentes por dia**
			Preto	**Amarelo**	**Branco**	**Azul**	**Vermelho**	**Verde**		

	ala									
14	Enfermaria de cirurgia séptica masculina		Sem contentores	Sem contentor	Sem contentor	Sem contentor	Sem contentor	Sem contentor	5	4
15	Enfermaria de ortopedia feminina		Sem contentor	1	1	1	1	2	19	15
16	Enfermaria de medicina masculina		Sem contentor	0.05	Sem contentor	0.5	0.1	Sem contentor	20	18
17	Centro de reabilitação nutricional		0.05	1	0.5	1	1	1	10	3
18	Enfermaria de pediatria		Sem contentor	0.1	0.07	2	1	2	12	8
19	Feminino		Sem contentor	1	0.25	2	1	Sem contentor	22	20

SI. Não.	**Nome de Enfermarias**	**Data de quantificação (de 17-03-213 a 23-03-2013)**	**Quantidade média de resíduos em kgs por dia**						**Número total de camas**	**Número médio de doentes por dia**
			Preto	**Amarelo**	**Branco**	**Azul**	**Vermelho**	**Verde**		
	bloco operatório									
20	Quarto especial (1Д3,4)		Sem contentor	Sem contentor	Sem contentor	0.35	0.78	1	32	8
21	UCI Cardíaca		Sem contentor	0.2	0.25	2	0.07	0.07	6	4
22	Enfermaria de oftalmologia e		Sem contentor	3	Sem contentor	Sem contentor	Sem contentor	Sem contentor	9	3

	cardiologia									
23	Sala de parto		0.06	0.25	1	2	2	Sem contentor	5	5
24	Serviço pré-natal		Sem contentor	Sem contentor	2	2	0.75	1	4	3
25	Bairro ANC		0.02	0.6	0.25	2	1	4	15	13
26	Bairro PNC		0.02	0.6	4	2	1	4	20	16
27	Serviço de urgência		0.05	1	2	3	1	3	39	34

SI. Não.	**Nome de Enfermarias**	**Data de quantificação (de 17-03-213 a 23-03-2013)**	**Quantidade média de resíduos em kgs por dia**						**Número total de camas**	**Número médio de doentes por dia**
			Preto	**Amarelo**	**Branco**	**Azul**	**Vermelho**	**Verde**		
28	Banco de sangue		Vazio	0.25	0.05	0.75	0.25	0.5	0	
29	Consultório médico		Sem contentor	Sem contentor	0.075	Sem contentor	Sem contentor	Sem contentor	1	
30	RNTCTP Centro		Vazio	0.06	1	0.08	0.44	Sem contentor	1	
31	Enfermaria de pediatria		Vazio	Vazio	0.25	1	1	Sem contentor	1	
32	Consultório dentário		Vazio	0.75	Vazio	1	1	Sem contentor	1	
33	Dermati, pele e SID OPD		0.002	Vazio	Sem contentor	Vazio	Vazio	Sem contentor	1	
34	Departam		1	Sem	Vazio	Vazio	Sem	Sem	0	

	ento de radiologia			caixotes			contentor	contentor		
35	Serviço de Cirurgia		Vazio	Vazio	1	1	Vazio	Vazio	1	
36	Laboratório		Sem contentor	0.125	Vazio	0.25	1	Sem contentor	0	

Sl. Não.	**Nome de Enfermarias**	**Data de quantificação (de 17-03-213 a 23-03-2013)**	**Quantidade média de resíduos em kgs por dia**						**Número total de camas**	**Número médio de doentes por dia**
			Preto	**Amarelo**	**Branco**	**Azul**	**Vermelho**	**Verde**		
37	Ortopedia OPD		Sem contentor	Vazio	Vazio	Sem contentor	1	Sem contentor	1	
38	Psiquiatria OPD		Sem contentor	Vazio	Sem contentor	0.015	Sem contentor	Sem contentor	1	
39	Sala ARV		Sem contentor	Vazio	0.25	0.75	1	Vazio	1	
40	SERVIÇO DE ORL		Vazio	0.2	0.25	Sem contentor	1	Sem contentor	1	
41	Consultório oftalmológico		Vazio	0.025	0.05	0.075	1	Sem contentor	1	
42	UCI NEONATAL		Sem contentor	3	4	Sem contentor	Sem contentor	Sem contentor	6	4
43	Consultório de ginecologia		Vazio	0.01	0.015	0.015	2	Sem contentor	1	
		Total	**9.322**	**20.12**	**37.26**	**44.785**	**41.39**	**28.57**	**408**	**280**

Existe uma separação correta dos resíduos nas enfermarias do hospital geral do Governo?

Sl. Não.	NOME DOS ARMAZÉNS	SEGREGAÇÃO ADEQUADA (SIM/NÃO)
1.	Causalidade	SIM
2.	OT menor	SIM
3.	Enfermaria de psiquiatria	SIM
4.	Sala de injecções (masculina e feminina)	SIM
5.	Enfermaria de bebés órfãos	SIM
6.	Enfermaria de queimados	SIM
7.	Maternidade e enfermaria PPC	SIM
8.	Enfermaria geral	SIM
9.	Enfermaria pós-operatória (a)	SIM
10.	Enfermaria pós-operatória (b)	SIM
11.	Primeiro andar grande O.T	SIM
12.	Enfermaria de ortopedia masculina	SIM
13.	Enfermaria de cirurgia masculina	SIM
14.	Enfermaria de cirurgia séptica masculina	SEM BIN
15.	Enfermaria de ortopedia feminina	SIM
16.	Enfermaria de medicina masculina	SIM
17.	Centro de reabilitação nutricional	SIM
18.	Enfermaria de pediatria	SIM
19.	Enfermaria de cirurgia feminina	SIM
20.	Quarto especial (1,2,3,4)	SIM
21.	UCI Cardíaca	SIM
22.	Enfermaria de oftalmologia e cardiologia	SIM
23.	Sala de parto	SIM
24.	Serviço pré-natal	SIM
25.	Bairro ANC	SIM
26.	Bairro PNC	SIM
27.	Serviço de urgência	SIM
28.	Banco de sangue	SIM
29.	Consultório médico	SIM
30.	Centro RNTCTP	SIM
31.	Enfermaria de pediatria	SIM

32.	Consultório dentário	SIM
33.	Dermati, pele e SID OPD	SIM
34.	Departamento de radiologia	SIM
35.	Serviço de Cirurgia	SIM
36.	Laboratório	SIM
37.	Serviço de Ortopedia	SIM
38.	Serviço de Psiquiatria	SIM
39.	Sala ARV	SIM
40.	SERVIÇO DE ORL	SIM
41.	Consultório oftalmológico	SIM
42.	UCI NEONATAL	SIM
43.	Consultório de ginecologia	SIM

RESULTADO

- No hospital geral do Governo, com exceção de duas enfermarias, cada enfermaria e OPD contém caixotes de lixo coloridos e há uma separação adequada (no ponto de geração nos caixotes de lixo coloridos prescritos), recolha e transporte dos resíduos gerados no hospital regularmente.
- E todos os enfermeiros, ayahs, trabalhadores fazem-no correta e regularmente. Mas as pessoas que vêm com os doentes sem qualquer cuidado deitam os restos de comida, papéis e plásticos no campus do hospital.

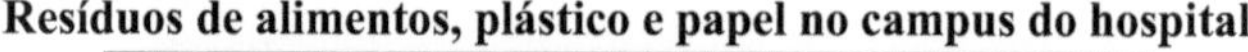

Resíduos de alimentos, plástico e papel no campus do hospital

- No hospital público, a resposta foi muito boa e 98% do pessoal hospitalar efectuou a segregação de forma satisfatória. Os resíduos da sala de partos, do bloco operatório e de outras partes do corpo e resíduos anatómicos são queimados ou enterrados nas traseiras do hospital.
- Cada enfermaria e cada centro de atendimento contém uma caixa de alumínio para a recolha de agulhas e seringas.

GESTÃO DE RESÍDUOS HOSPITALARES BIOLÓGICOS NO HOSPITAL KBN

O número de enfermarias do hospital KBN

1. Vestiário
2. Sala de demonstração
3. Serviço de Cirurgia
4. Sala de reboco
5. Ginecologia
6. Serviço de Ortopedia
7. Clínica de bem-estar familiar
8. Clínica pré-natal
9. Clínica do cancro
10. Centro de reabilitação de crianças
11. Sala de injecções

12 Clínica de orientação infantil
13 Clínica de vacinação e bem-estar infantil
14 .TB e OPD do tórax
15 .ENT OPD
16 Serviço médico
17 . Outros pagamentos
18 Pediatria
19 . Departamento de Radiodiagnóstico
a) TAC
b) Dopos de cor
c) RMN
d) Ultrassom
20 OPD dentária
21 . Consultório de oftalmologia
22 . Psiquiatria
23 . OPD pele e VD
24 Doenças do peito OPD
25 . Casualidade
26 .MICU
27.ICCU
28.SICU
29 UCIP
30 .Vestiário de queimaduras
31 Enfermaria de cirurgia masculina
32 . Obstetrícia e Ginecologia
33 Sala de trabalho
34 Enfermaria pós-operatória
35.OT

36.Feminino Ortopedia
37. Ala Geral
38. banco de sangue

QUANTIFICAÇÃO DOS BIO-RESÍDUOS NO HOSPITAL KBN

Sl. Não.	Nome das alas	Data de quantificação de 01-04-2013 a 06-04-2013	Peso dos bio-resíduos em Kgs/dia	Número total de camas	Número médio de doentes por dia
1	Vestiário		0.5	1	
2	Sala de demonstração		0.5	1	
3	Serviço de Cirurgia		1	1	
4	Sala de reboco		3	1	
5	Ginecologia		0.5	1	
6	Serviço de Ortopedia		1	1	
7	Clínica de bem-estar familiar		0.75	1	
8	Clínica pré-natal		0.75	1	
9	Clínica do cancro		0.25	1	
10	Centro de reabilitação de crianças		0.25	1	
Sl. Não.	**Nome das alas**	**Data de quantificação de 01-04-2013 a 06-04-2013**	**Peso dos bio-resíduos em Kgs/dia**	**Número total de camas**	**Número médio de doentes por dia**
11	Sala de injecções		1	1	
12	Clínica de orientação infantil		0.25	1	
13	Vacinação infantil e clínica de bem-estar		0.13	1	
14	TB e OPD de tórax		2	1	
15	SERVIÇO DE ORL		1	1	
16	Consultório médico		1	1	
17	Pagamento		2	1	
18	Pediatria		3	1	
19	Departamento de Radiodiagnóstico		2	1	
	a) TAC		1	1	
Sl. Não.	**Nome das alas**	**Data de quantificação de 01-04-2013 a 06-04-2013**	**Peso dos bio-resíduos em Kgs/dia**	**Número total de camas**	**Número médio de doentes por dia**
	b) Dopos de cor		1	1	
	c) Ressonância magnética		1	1	

	d) Ultrassom		1	1	
20	Consultório dentário		2	1	
21	Consultório de oftalmologia		1	1	
22	Psiquiatria		1	1	
23	Cuidados com a pele e VD OPD		1	1	
24	Doença torácica OPD		0.5	1	
25	Casualidade		2	3	25
26	MICU		1	6	4
27	ICCU		2	5	4
SI. Não.	**Nome das alas**	**Data de quantificação de 01-04-2013 a 06-04-2013**	**Peso dos bio-resíduos em Kgs/dia**	**Número total de camas**	**Número médio de doentes por dia**
28	UCIP		1	7	3
29	UCIP		1	1	1
30	Vestiário para queimados		2	1	1
31	Enfermaria de cirurgia masculina		4	30	20
32	Obstetrícia e Ginecologia		5	60	50
33	Sala de parto		6	5	5
34	Enfermaria pós-operatória		4	11	10
35	OT		6	1	1
36	Enfermaria de Ortopedia Feminina		4	30	
37	Enfermaria geral		8	30	
38	Banco de sangue		4	1	
SI. Não.	**Nome das alas**	**Data de quantificação de 01-04-2013 a 06-04-2013**	**Peso dos bio-resíduos em Kgs/dia**	**Número total de camas**	**Número médio de doentes por dia**
40	**Total**		**80.38**	**219**	**124**

RESULTADO

- No hospital KBN, não há revestimentos para a separação dos resíduos no ponto de produção nas enfermarias, exceto em algumas delas.
- Na enfermaria geral e na enfermaria de ortopedia feminina, todos os resíduos são depositados num grande caixote do lixo.
- Apenas alguns enfermeiros e trabalhadores têm conhecimentos sobre a segregação nos contentores de cor específicos.
- Os resíduos são transportados regularmente por um veículo CHAMP.
- Apenas algumas alas contêm forros, nomeadamente amarelos, vermelhos e pretos ou brancos.
- Não existe uma separação adequada dos resíduos nos contentores prescritos.

GESTÃO DOS RESÍDUOS BIOMÉDICOS NO HOSPITAL DE DHANVANTRI

Nome das alas do hospital

1. Enfermaria geral
2. Quarto especial 1
3. Quarto especial 2
4. Quarto especial 3
5. Quarto especial 4
6. Quarto especial 5
7. Quarto especial 6
8. Quarto especial 7
9. Quarto especial 8
10. Enfermaria materna
11. UCI NEONATAL
12. UCIP
13. Serviço de ginecologia
14. Casulaidade
15. A.C. Tratamento de traumatismos
16. radiografia
17. Olho opd

18.Laboratório

19 OPD geral I

20 Medicina Genereal OPD II

21 Enfermaria geral III

22 Ala Geral II

23.UTI e UCI

QUANTIFICAÇÃO DOS BIO-RESÍDUOS NO HOSPITAL DE DHANAVANTRI

SI. Não.	Nome das alas	Data de quantificação de 01-04-2013 a 6-04-2013	Peso médio dos bio-resíduos em kgs/dia	Número total de camas	Número médio de doentes por dia
1	Enfermaria geral		3	10	5
2	Quarto especial 1		4	5	2
3	Quarto especial 2		2	3	2
4	Quarto especial 3		3	3	2
5	Quarto especial 4		1	4	2
6	Quarto especial 5		3	2	4
7	Quarto especial 6		2	2	2
8	Quarto especial 7		1	2	2
9	Quarto especial 8		1	2	2
10	Enfermaria materna		2	5	5
11	UCI NEONATAL		0.5	5	Nenhum doente
12	UCIP		0.5	2	Nenhum doente
SI. Não.	**Nome das alas**	**Data de quantificação de 01-04-2013 a 6-04-2013**	**Peso médio dos bio-resíduos em kgs/dia**	**Número total de camas**	**Número médio de doentes por dia**
13	Serviço de ginecologia		1	1	
14	Causalidade		2	2	1
15	A.C. Tratamento de traumatismos		1	1	
16	radiografia		0.5	1	
17	Olho opd		0.75		
18	Laboratório		0.5		
19	OPD geral I		0.5	1	
20	Medicina Genereal OPD II		1	1	
21	Enfermaria geral III		1	7	5
22	Ala Geral II		2	7	6

23	UCI e UCI			9	2
	Total		**33.25**	**25**	**42**

Existe uma separação adequada dos resíduos nas enfermarias do Hospital Dhanvantri?

SI. Não.	**NOME DOS ARMAZÉNS**	**SEGREGAÇÃO ADEQUADA (SIM/NÃO)**
1	Enfermaria geral	Sem forros
2	Quarto especial 1	Não
3	Quarto especial 2	Não
4	Quarto especial 3	Não
5	Quarto especial 4	Não
6	Quarto especial 5	Não
7	Quarto especial 6	Não
8	Quarto especial 7	Não
9	Quarto especial 8	Não
10	Enfermaria materna	Sim
11	UCI NEONATAL	Não
12	UCIP	Não
13	Serviço de Ginecologia	Sim
14	Causalidade	Sim
15	A.C. Tratamento de traumatismos	Não
16	radiografia	Não
17	Consultório oftalmológico	Sim
18	Laboratório	Não
19	OPD geral I	Não
20	Medicina Geral OPD II	Não
21	Enfermaria geral III	Não
22	Ala Geral II	Não
23	UTI e UCI	Sim

RESULTADO

- Quando visitámos o hospital, o número de doentes no hospital era muito reduzido.
- No hospital, nenhuma ala contém os revestimentos para a separação no ponto de geração, todos os resíduos são despejados nos caixotes de lixo comuns presentes em cada ala.
- O transporte de resíduos é efectuado regularmente pela CHAMP.
- No hospital, os resíduos como comida, garrafas vazias, injecções e outros resíduos (por vezes também resíduos anatómicos) são despejados na área aberta em frente ao hospital
- Todas as enfermarias e os serviços de medicina dentária estão limpos, mas não

existe uma separação adequada dos resíduos.

• Os resíduos em frente ao hospital afectam a saúde da flora, da fauna e de todo o ambiente.

GESTÃO DOS RESÍDUOS BIOMÉDICOS NO HOSPITAL DE VAATASLAYA

Nome das alas do hospital

1. Departamento de nefrologia e cuidados intensivos
2. Quarto especial 1
3. Quarto especial 2
4. Departamento de oncologia e pediatria
5. Quarto semi-especial 1
6. Quarto semi-especial 2
7. Enfermaria geral masculina
8. Enfermaria de pediatria geral
9. UCIP

10 Enfermaria geral feminina

11 UCI NEONATAL

12 . Serviço de Cirurgia

13 Serviço de Pediatria

14 .Gyanaeco OPD

15 MICU

QUANTIFICAÇÃO DOS BIO-RESÍDUOS NO HOSPITAL DE VAATASLAYA

SI N0	Nome de Enfermarias	Data de quantificação De 01-04- 2013 a 06-04-213	Quantidade média de resíduos em Kgs/dia						Número total de camas	Número médio de doentes por dia
			Preto	Amarelo	Branco	Azul	Vermelho	Verde		
1	Departamento de nefrologia e medicina intensiva cuidados		Sem contentor	0.1	Não Contentor	8	0.250	2	4	2
2	Quarto especial 1		Sem contentor	Caixa de pó comum	Não Contentor	Sem contentor	Não Contentor	Sem contentor	2	2
3	Quarto especial 2		Sem contentor	Caixa de pó comu	Não Contentor	Sem contentor	Não Contentor	Sem contentor	2	2

				m						
4	Departamento de oncologia e		Sem contentor	0.250	Não Contentor	4	0.02	2	4	3

SINO	Nome de Enfermarias	Data de quantificação De 01-04- 2013 a 06-04-213	Quantidade média de resíduos em Kgs/dia						Número total de camas	Número médio de doentes por dia
			Preto	Amarelo	Branco	Azul	Vermelho	Verde		
	pediatria									
5	Quarto semi-especial 1		Sem contentor	Caixa de pó comum	Não Contentor	Sem contentor	Não Contentor	Sem contentor	2	
6	Quarto semi-especial 2		Sem contentor	Caixa de pó comum	Não Contentor	Sem contentor	Não Contentor	Sem contentor		
7	Enfermaria geral masculina		Sem contentor	Caixa de pó comum	Não Contentor	Sem contentor	Não Contentor	Sem contentor		
8	Enfermaria de pediatria geral		Sem contentor	Caixa de pó comum	Não Contentor	Sem contentor	Não Contentor	Sem contentor	9	3
9	UCIP		Sem contentor	Caixa de pó comum	Não Contentor	Sem contentor	Não Contentor	Sem contentor		
10	Enfermaria geral feminina		Sem contentor	Sem contentor	Não Contentor	Sem contentor	Não Contentor	Sem contentor	7	2
11	UCI NEONATAL		Sem contentor	Caixa de pó comum	Não Contentor	Sem contentor	Não Contentor	Sem contentor	2	

SINO	Nome de Enfermarias	Data de quantificação De 01-04- 2013 a 06-04-213	Quantidade média de resíduos em Kgs/dia						Número total de camas	Número médio de doent
			Preto	Amarelo	Branco	Azul	Vermelho	Verde		

										es por dia
12	Cirúrgico OPD		Sem contentor	Caixa de pó comum	Não Contentor	Sem contentor	Não Contentor	Sem contentor		
13	Pediátrico OPD		Sem contentor	Caixa de pó comum	Não Contentor	Sem contentor	Não Contentor	Sem contentor		
14	Gyanaeco OPD		Sem contentor	Caixa de pó comum	Não Contentor	1	1	Sem contentor		
15	MICU		Sem contentor	0.3	Não Contentor	3	1	4	6	5
	Total			**0.65**		**16**	**2.27**	**8**	**38**	**19**

A segregação é correta?

SI. Não	**NOME DA ALA**	**SEGREGAÇÃO ADEQUADA (SIM/NÃO)**
1	Departamento de nefrologia e cuidados intensivos	Sim
2	Quarto especial 1	Não
3	Quarto especial 2	Não
4	Departamento de oncologia e pediatria	Sim
5	Quarto semi-especial 1	Não
6	Quarto semi-especial 2	Não
7	Enfermaria geral masculina	Sim
8	Enfermaria de pediatria geral	Sim
9	UCIP	Sim
10	Enfermaria geral feminina	Sim
11	UCI NEONATAL	Nenhum paciente
12	Serviço de Cirurgia	Sim
13	Serviço de pediatria	Não
14	Consultório médico de Gyanaeco	Não
15	MICU	Sim

RESULTADO

- No hospital, quatro enfermarias não dispõem de forros, essas enfermarias têm apenas um caixote do lixo comum. Todas as restantes enfermarias e a OPD têm forros e há uma separação adequada dos resíduos, recolha e transporte regular dos resíduos produzidos no hospital.

- E todos os enfermeiros, ayahs, trabalhadores fazem-no correta e regularmente.
- No hospital, a reação foi boa.
- 85% dos resíduos são separados e transportados regularmente.
- Todos os trabalhadores do hospital têm conhecimento da segregação nos revestimentos específicos
- Só em quatro alas é que não há contentores e todos os resíduos são depositados num único contentor comum.
- Esta é uma caixa de plástico comum que serve para recolher as agulhas e seringas usadas.

SENSIBILIZAÇÃO PARA AS REGRAS DE GESTÃO E MANUSEAMENTO DOS RESÍDUOS BIOMÉDICOS DE 1998 NOS HOSPITAIS

SI. Não.	Designação	Consciente (A) / Não Consciente (NA)				
		Nome dos Hospitais				
		Hospital do Governo	Basaveshwara Hospital	Hospital Dhanvantri	Vaatasalay Hospital	Hospital KBN
1	Médico (especialista)	A	A	A	A	A
2	Médico (Residente)	A	A	A	A	A
3	GDMO	A	A	A	A	A
4	Enfermeira	A	A	NA	A	NA
5	Técnico	A	A	NA	A	A
6	Farmacêutico	A	A	NA	A	A
7	Rapaz da enfermaria	A	A	NA	A	NA
8	Peão	A	A	NA	A	NA
9	Ayahs	A	A	NA	A	A
10	Varredor	A	A	NA	A	A
11	Escriturário e	A	A	NA	A	A

	outro pessoal					

KAP (CONHECIMENTO - CONSCIENCIALIZAÇÃO - PRÁTICA) PARA DETERMINAR OS NÍVEIS EXISTENTES DE INFORMAÇÃO, FORMAÇÃO E PRÁTICAS NOS HOSPITAIS

S. 1. N 0.	Designação	Conhecimentos (Sim/Não)					Atitude (Positiva / Negativa)					Prática (Sim / Não)				
		к +- >. "fc Д c Q S' g c X	hwar PTncnifci	c B < e c 2	lay Hospita	Hospitais	mentação Hospita	hwar тт	к h C Й c X	lay Hospita	KB IN Hospita 3	mentação Hospita	hwar Hospita	ntri Hospita	lay Hospita	KBN Hospita]
1	Médico (especialista)	Y	Y	Y	Y	Y	+	+	+	+	+	Y	Y	Y	Y	Y
2	Médico (Residente)	Y	Y	Y	Y	Y	+	+	+	+	+	Y	Y	Y	Y	Y
3	GDMO	Y	Y	Y	Y	Y	+	+	+	+	+	Y	Y	Y	Y	Y
4	Enfermeira	Y	Y	N	Y	N	+	+	-	+	-	Y	N	N	Y	N
5	Técnica e	Y	Y	N	Y	Y	+	+	-	+	-	Y	N	N	Y	N
6	Farmacêutico	Y	Y	N	Y	Y	+	+	-	+	-	Y	Y	N	Y	N
7	Menino da enfermaria	Y	Y	N	Y	N	+	+	-	+	-	Y	Y	N	Y	N
8	Peão	Y	Y	N	N	N	+	+	-	+	+	Y	Y	N	Y	Y
9	Ayahs	Y	Y	N	N	Y	+	+	-	+	-	Y	Y	N	Y	N
10	Varredor	Y	Y	N	Y	Y	+	+	-	+	-	Y	Y	N	Y	N
11	Escriturário e outro pessoal	Y	Y	N	Y	Y	+	+	-	+	+	Y	Y	N		N

CAPÍTULO-VIII

PAPEL DO PESSOAL ENVOLVIDO NA GESTÃO DE RESÍDUOS

A) . Papel do superintendente médico,

Tem a responsabilidade geral pela formulação e aplicação de diretrizes para a gestão dos resíduos hospitalares e tem de garantir que os resíduos são tratados sem qualquer efeito prévio para a saúde humana e o ambiente. Enquanto "ocupante", é responsável pelo pedido de autorização (no formulário I) à autoridade competente.

B) Funções do Comité de Gestão dos Resíduos Hospitalares

1. Assegurar a circulação de um número suficiente de cópias das regras e diretrizes relativas aos resíduos biomédicos para a implementação das mesmas nos departamentos clínicos. As responsabilidades de cada profissional serão destacadas nestas diretrizes.
2. Realizar um "Programa de sensibilização": Será realizada uma ronda clínica combinada/grande para sensibilizar o corpo docente e os residentes para as "Regras sobre resíduos biomédicos (gestão e manuseamento) de 1998".
3. Realizar programas de formação para profissionais médicos, profissionais de enfermagem e profissionais de saneamento.
4. Realizar reuniões do Comité de Gestão de Resíduos Hospitalares e formular o plano de ação pormenorizado no que diz respeito à separação, recolha, armazenamento e transporte de resíduos de todas as áreas de cuidados aos doentes. Adquirir os artigos necessários para o efeito e disponibilizá-los em todas as áreas de cuidados aos doentes.
5. Cada Departamento Clínico (Unidade), Serviços de Laboratório, Banco de Sangue, Microbiologia, Patologia responsabilizará um membro do corpo docente pela supervisão da segregação na sua área de actividades.
6. Em cada piso, uma enfermeira (supervisora de enfermagem) será responsável pela supervisão da segregação nas enfermarias de cada piso. Em cada OT serão seguidas as mesmas instruções de supervisão e uma enfermeira responsável será responsável.

C) Função do responsável pela gestão de resíduos

O responsável pela gestão de resíduos será responsável pela implementação e estabelecerá a ligação com os chefes de departamento, o responsável pelo controlo de infecções e a inspetora. Será membro do Comité de Gestão de Resíduos Hospitalares. Será responsável pelo acompanhamento periódico do programa a vários níveis, ou seja, produção, separação, recolha, armazenamento, transporte e tratamento, incluindo a eliminação. Será responsável pela circulação de todas as decisões políticas e do manual de gestão de resíduos hospitalares. Será responsável pela comunicação de acidentes no formulário Ill à autoridade competente.

D) Papel do chefe responsável pelos laboratórios

Serão responsáveis pela formulação e implementação de procedimentos de gestão de resíduos para os seus departamentos, em conformidade com as diretrizes gerais emitidas pela administração. Serão igualmente responsáveis pela formação de todo o pessoal, médicos, enfermeiros, paramédicos e pessoal do grupo D, em matéria de gestão dos resíduos hospitalares e assegurarão a ligação com o responsável pela gestão dos resíduos para apoio administrativo. No que diz respeito aos serviços que produzem resíduos radioactivos, um dos consultores deve ser designado como responsável pela proteção contra as radiações e será responsável pela aplicação das orientações necessárias.

E) Papel da inspetora

A Diretora designará um dos adjuntos de nível administrativo superior como Irmã Responsável pela Gestão dos Resíduos Hospitalares, que será responsável pelo acompanhamento rigoroso da atividade. Realizará rondas de surpresa e analisará e avaliará os vários aspectos da gestão científica dos resíduos hospitalares a todos os níveis, desde a produção e separação até à eliminação final. Participará também nas reuniões do Comité de Gestão de Resíduos Hospitalares em nome da diretora e coordenará a formação dos enfermeiros em matéria de gestão de resíduos hospitalares com a administração.

F) Papel do inspetor de saneamento I/c

O inspetor responsável pelo saneamento será responsável pela implementação, acompanhamento e avaliação da gestão dos resíduos hospitalares, desde a recolha e armazenamento dos resíduos hospitalares até à sua eliminação final. Participará nas reuniões do Comité de Gestão dos Resíduos Hospitalares e assegurará a formação do pessoal que lhe está adstrito. O responsável pela gestão dos resíduos hospitalares participa nas reuniões do comité de gestão dos resíduos hospitalares e assegura a formação do pessoal sob a sua responsabilidade. Fornecerá igualmente informações de retorno

FORMAÇÃO EM GESTÃO DE RESÍDUOS HOSPITALARES

A fim de poder compreender e aplicar as regras relativas aos resíduos biomédicos (gestão e manuseamento) de 1998, é obrigatório dar formação a todas as categorias de pessoal, ou seja, médicos residentes, enfermeiros, pessoal paramédico, pessoal hospitalar e de saneamento, doentes e seus acompanhantes, pessoal da cantina, funcionamento das instalações de tratamento de resíduos biomédicos. Antes de a formação ser efectuada, é necessário identificar o conteúdo da formação, que deve ser variado em conformidade. Deve ser interactiva e incluir sessões de sensibilização, demonstrações e contributos da ciência comportamental. Deve incluir definitivamente o seguinte

(i) Sensibilização para as diferentes categorias de resíduos e para os riscos potenciais
(ii) Minimização de resíduos, redução da utilização de materiais descartáveis
(iii) Política de segregação
(iv) Manuseamento correto e seguro de objectos cortantes
(v) Utilização de equipamento de proteção
(vi) Código de cores dos contentores
(vii) Tratamento adequado dos resíduos
(viii) Gestão de derrames e acidentes
(ix) Saúde no trabalho.

Pontos a ter em conta na gestão de resíduos no hospital

1. Separar os resíduos no ponto de produção para:
(a) Infeção
(b) Não infecioso/Lixo
(c) Objectos cortantes/agulhas.
2. Recolher os resíduos em contentores/sacos codificados por cores
(a) Amarelo - Resíduos infecciosos para incineração.
(b) Preto - Lixo para deitar no contentor municipal.
(c) Azul (perfurado no interior) - Objectos cortantes/agulhas. 3. Descontaminar todos os objectos cortantes e resíduos de plástico por meio de produtos químicos/autoclave.
4. Triturar os resíduos de plástico (cortar todos os tubos em pedaços com uma tesoura).
5. Utilizar um destruidor de seringas e agulhas.
6. Não incinerar pensos/partes do corpo encharcadas de sangue, etc.
7. Não cobrir os contentores de recolha de resíduos.
8. Transportar em carrinhos cobertos/carrinhos de mão.
9. Fornecer vestuário de proteção (máscara, luvas, aventais de plástico, botas de goma) aos transportadores e manipuladores.
10. Imunizar todos os manipuladores de resíduos.

Não fazer o manuseamento e a eliminação dos resíduos hospitalares

1. Não misturar os resíduos infecciosos com os não infecciosos.
2. Não deite os objectos cortantes no lixo ou em recipientes não perfurantes.
3. Não recapitular a agulha, nem dobrar ou partir agulhas à mão.
4. Não encher o contentor de resíduos a mais de 3/4 da sua capacidade.
5. Não permitir o acesso de pessoas não autorizadas às zonas de recolha/armazenamento de resíduos.
6. Não utilizar baldes abertos para resíduos infecciosos ou objectos cortantes.
7. Não incinerar resíduos de plástico.

O que fazer e o que não fazer no tratamento químico

1. Não aplicar em resíduos de plástico cortantes ou infectados.
2. Utilizar hipoclorito a 1% ou um desinfetante equivalente. A concentração correta é essencial.
3. Assegurar que todas as superfícies entram em contacto com o produto químico (incluindo o lúmen).
4. Deixar o tempo de contacto ser de, pelo menos, 30 minutos.
5. Mudar frequentemente as soluções químicas (em cada turno).
6. Manusear com luvas e máscara. Usar avental e botas se forem esperados salpicos.
7. Não tratar quimicamente os resíduos incineráveis

Benefícios da gestão de resíduos biomédicos

- Um ambiente mais limpo e mais saudável.
- Redução da incidência de infecções gerais e adquiridas no hospital.
- Redução do custo do controlo das infecções no hospital.

- Redução da possibilidade de doença e morte devido à reutilização e reembalagem de produtos descartáveis infecciosos.
- Baixa incidência de riscos para a saúde comunitária e profissional.
- Redução do custo da gestão de resíduos e geração de receitas através do tratamento e eliminação adequados dos resíduos.
- Melhoria da imagem do estabelecimento de saúde e aumento da qualidade de vida.

CONCLUSÃO E RECOMENDAÇÃO

Os resíduos hospitalares devem ser classificados de acordo com a sua origem, tipologia e factores de risco associados ao seu manuseamento, armazenamento e eliminação final. A segregação dos resíduos na fonte é o passo fundamental e a redução, reutilização e reciclagem devem ser consideradas numa perspetiva adequada. Temos de considerar medidas inovadoras e radicais para limpar o quadro angustiante de falta de preocupação cívica por parte dos hospitais e de negligência na aplicação pelo governo de um mínimo de regras, uma vez que a produção de resíduos, em especial de resíduos biomédicos, impõe custos diretos e indirectos crescentes à sociedade. Por conseguinte, o desafio que se nos coloca é o de gerir cientificamente quantidades crescentes de resíduos biomédicos que ultrapassam as práticas do passado. Se quisermos proteger o nosso ambiente e a saúde da comunidade, temos de nos sensibilizar para esta importante questão, não só no interesse dos gestores de saúde, mas também no interesse da comunidade.

São feitas algumas sugestões ao pessoal do hospital, nomeadamente

1. Para que todo o processo de gestão de resíduos seja estético, a recolha dos resíduos não infecciosos e infecciosos deve começar na área dos doentes/visitantes, de modo a que um carrinho menos cheio se desloque ao longo destas áreas. Foi aconselhado que os resíduos infecciosos fossem recolhidos separadamente do laboratório e do bloco operatório e que fossem diretamente para a incineradora, não devendo ser transportados através da área dos doentes.
2. Em vez disso, substituir os sacos de polietileno nos respectivos contentores (com desinfecções periódicas dos contentores com os sacos de polietileno já existentes). Os contentores recolhidos devem ser transportados em carrinhos separados para minimizar a possibilidade de derrame.
3. Devem ser realizadas reuniões periódicas com o pessoal administrativo e de manutenção direta ou indiretamente envolvido na gestão dos resíduos, a fim de partilhar e discutir as dificuldades técnicas ou parciais e apresentar sugestões que possam ser específicas de um determinado hospital e região.
4. Deve ser realizado um programa de formação obrigatório para todos os novos funcionários do hospital, a fim de os familiarizar com os procedimentos operacionais praticados no hospital.
5. Deveria ser iniciado um curso de diploma em gestão de resíduos hospitalares, tendo em conta as necessidades dos países em desenvolvimento.

RECOMENDAÇÕES

1. Para a utilização da incineradora, deve ser dada formação a um certo número de pessoas do pessoal.
2. Deve ser afetado um fundo específico para a utilização da incineradora.
3. Todos os hospitais devem dispor de uma caixa especial, que sirva de caixote do lixo para os resíduos biomédicos.
4. Os resíduos biomédicos não devem ser misturados com outros resíduos da empresa municipal.
5. Os hospitais privados deveriam também ser autorizados a utilizar a incineradora instalada nos hospitais públicos para este efeito, podendo ser cobrada uma taxa específica aos hospitais privados.
6. Deve ser criado um veículo especial, ou seja, um veículo para resíduos biomédicos, para recolher os resíduos dos hospitais privados e das clínicas médicas privadas e transportá-los para a incineradora principal.
7. De acordo com as regras relativas aos resíduos biomédicos, todos os resíduos devem ser fragmentados em cores devido à sua natureza perigosa.
8. Pode ser criado em cada distrito um conselho de gestão dos resíduos biomédicos.
9. Devem ser atribuídos poderes judiciais ao conselho de administração ou deve ser criado um tribunal especial em matéria de poluição ambiental para a aplicação de multas e a atribuição de indemnizações, etc.
10. O pessoal de limpeza usa dispositivos de proteção, como luvas, máscaras faciais e batas, enquanto manuseia os resíduos.
11. Existe um rótulo de resíduos biomédicos nos sacos de transporte de resíduos e no carrinho de transporte de resíduos e também foi colocado um cartaz na parede adjacente aos caixotes do lixo (resíduos) com pormenores sobre o tipo de resíduos que têm de ser eliminados na bagagem, de acordo com as regras de gestão de resíduos biomédicos. Os sacos de transporte também têm o símbolo de risco biológico.

(Fonte: An International Research Journal of Environmental
Ciência)

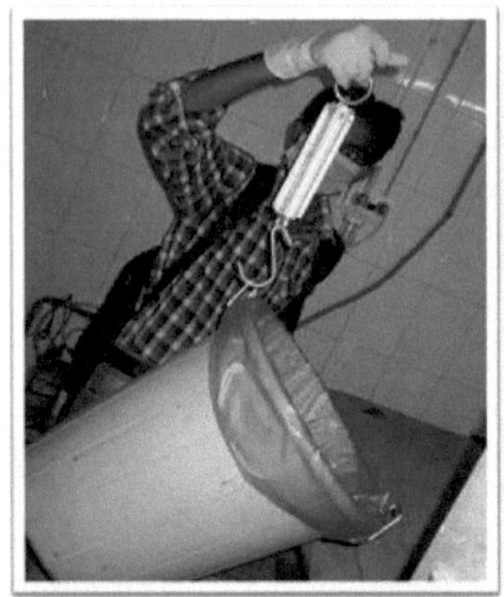

Quantificação dos resíduos biológicos nos hospitais FOTO QUE MOSTRA LINERS NA CIRURGIA FEMININA

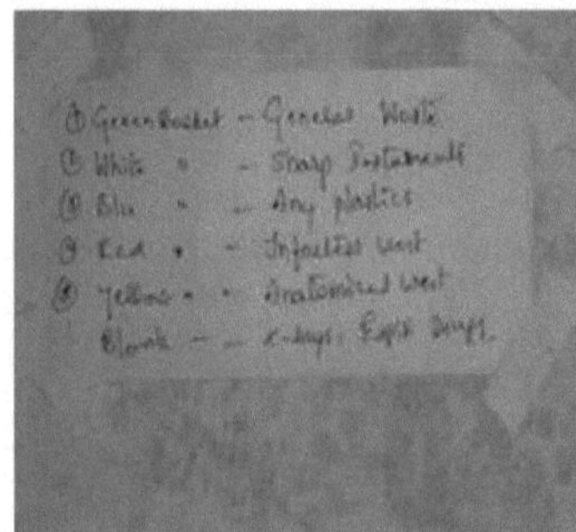

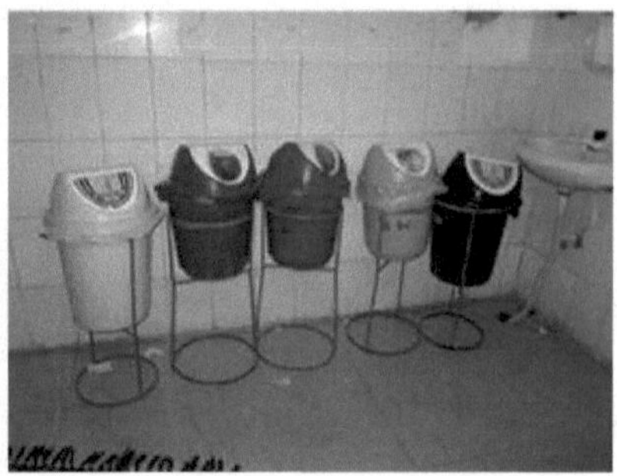

AS INFORMAÇÕES SOBRE A SEPARAÇÃO DOS RESÍDUOS EM PAPEL TIMBRADO SÃO COLADAS NA PAREDE DA ENFERMARIA PARA

A CONSCIENCIALIZAÇÃO - NOS FORROS DO GOVERNO NA ALA DE QUEIMADOS - ALA GERAL DO GOVERNO

CAIXA DE ALUMÍNIO PARA RECOLHA DE AGULHAS E SERINGAS AFIADAS - HOSPITAL PÚBLICO

RESÍDUOS DEPOSITADOS NO CAMPUS DO HOSPITAL

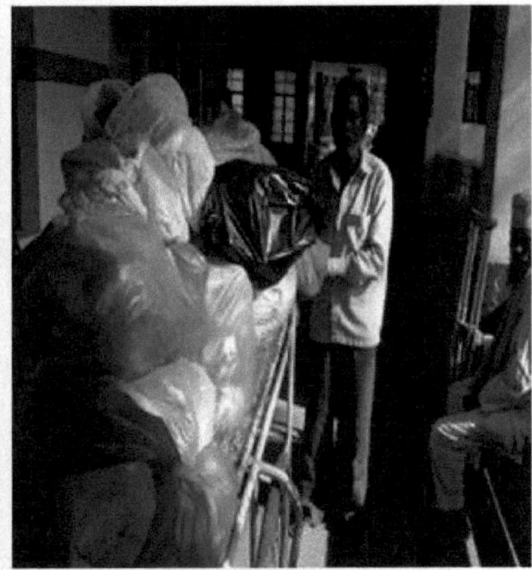

RESÍDUOS GERAIS DEPOSITADOS EM CAMOUS HOSPITALAR

RECOLHA DE RESÍDUOS DAS ENFERMARIAS

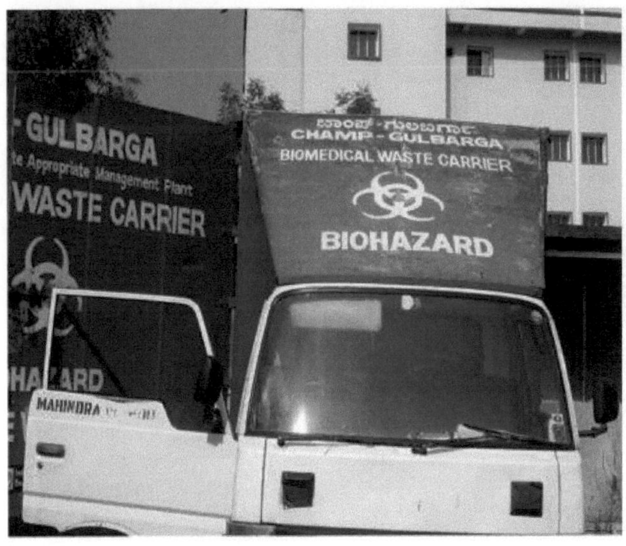

VEICULO CHAMP PARA TRANSPORTE DE RESIDUOS BIO-MEDICOS EM GULBARGA NO HOSPITAL GERAL DO GOVERNO

RESÍDUOS BIOLÓGICOS NO VEÍCULO CHAMP -DIFERENTES TIPOS DE RESÍDUOS SÃO MANTIDOS EM DIFERENTES COMPARTIMENTOS.

IMAGENS QUE MOSTRAM A QUEIMA DE RESÍDUOS ATRÁS DO CAMPUS DO HOSPITAL

RECOLHA DE RESÍDUOS BIOLÓGICOS NO HOSPITAL DE BASAWESWAR

ELIMINAÇÃO

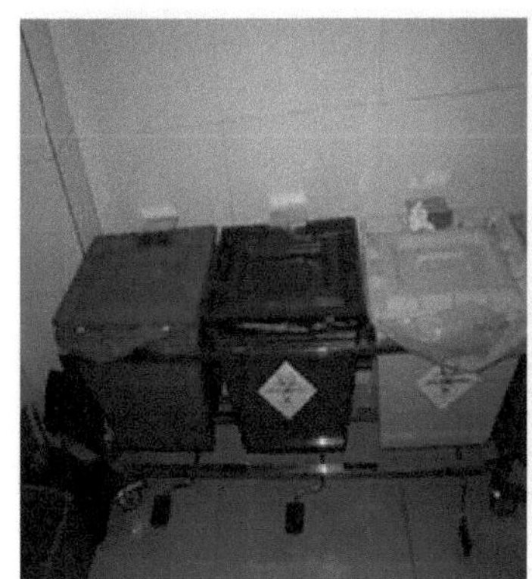

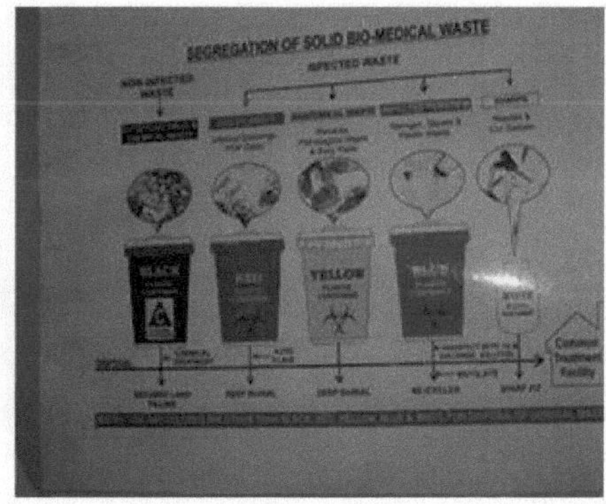

FORROS NA ICCU DO HOSPITAL DE BASAVESHWAR AS INFORMAÇÕES SOBRE A SEPARAÇÃO DE RESÍDUOS NO FORRO DE PRESCRIÇÃO SÃO COLADAS NA PAREDE DA ENFERMARIA PARA SENSIBILIZAÇÃO - NO HOSPITAL DE BASWEASHAR

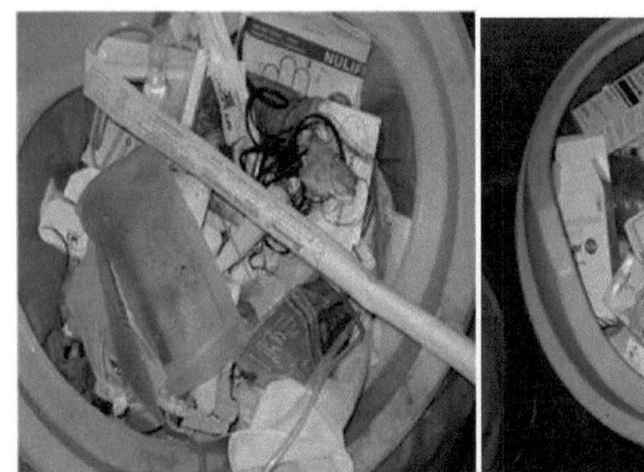

DEPOSIÇÃO INCORRECTA DE RESÍDUOS NO SACO AMARELO PREVISTO PARA A RECOLHA DE RESÍDUOS ANATÓMICOS INFECCIOSOS - NA ENFERMARIA DO HOSPITAL DE BASAWESWAR

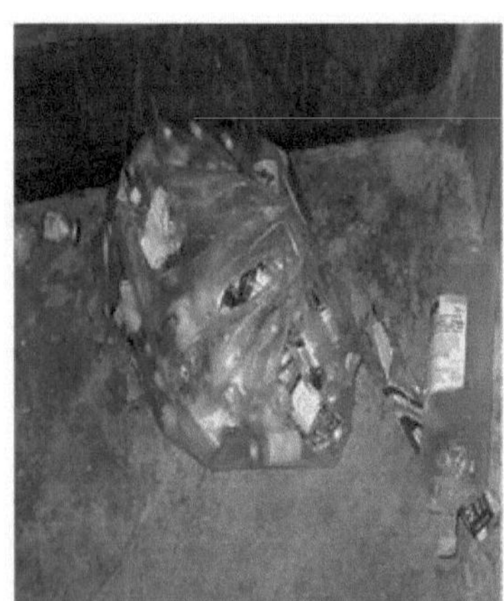

DESPEJO IMPROPEDR DE RESÍDUOS NA ALA

CAIXA DE ALUMÍNIO PARA A RECOLHA DE AGULHAS E SERINGAS DEPARTAMENTO SEPARADO PARA A ELIMINAÇÃO E REUTILIZAÇÃO DE RESÍDUOS

REFERÊNCIAS

1 . Um Jornal Internacional de Investigação em Ciências Ambientais (2000). Necessidade de um sistema de gestão de resíduos biomédicos em hospitais - uma questão emergente - uma revisão.

2 . Basu R.N. Issues involved in Hospital Waste Management : an experience from a large teaching Institution, Journal of Academy of Hospital Administration, julho de 1995.

3 . B.Sanna Parameshwara (203), Gestão de resíduos biomédicos do distrito de Gulbarga - um estudo de caso.

4 . Bekir Onursal (203), Gestão de resíduos de cuidados de saúde na Índia.

5 . Biomedical, http ://www.indnav.com.downloaded em 25/04/2013.

6 . Resíduos biomédicos , http://www.swachdelhi.com new.htm,descarregado em 05/05/2013.

7 . Conselho Central de Controlo da Poluição (CPCB). março de 2000. Manual de Informação sobre Gestão de Resíduos Hospitalares. Nova Deli, Índia.

8 . Conselho Central de Controlo da Poluição (CPCB). março de 2000. Manual de Informação sobre Gestão de Resíduos Hospitalares. Nova Deli, Índia.

9 . Central Pollution Control Board (CPCB).n.d.a "Draft Guidelines for a Common Biomedical waste treatment facility". Nova Deli, Índia.

10 Dilly, G.A. e Shanklin, C.W. 2000. Práticas de gestão de resíduos sólidos em instalações de tratamento médico do Exército dos EUA.

11 Gupta B. 207. Realidades no terreno da gestão de resíduos biomédicos em unidades de cuidados de saúde na Grande Mumbai.

12 . Gayathri V. Patil, Kamala Polchrel (2004), Biomedical solid waste management in an Indian hospital : a case study.

13 Karnataka, 2004. http://www.klehospital.org.

14 Karnataka, 2004. http ://www.mapsofmdia.com/maps/ karnataka/karnataka /location.htm.

15 Manohar, D. Reddy, P.R. Kotaih, 1998. Caracterização dos resíduos sólidos de um hospital de superespecialidade - um estudo de caso.

16 Notificação: Bio-medical waste (Management and Handling) Rules, 1998 Ministério do Ambiente e das Florestas, Nova Deli.

17 Panduranga. G. Murthy, B.C. Leelaja e Shankar P. Hosmani (2010). Eliminação e gestão de resíduos biomédicos em alguns dos principais hospitais da cidade de Mysore, Índia.

18 Shalini Sharma (2010). Sensibilização para a gestão de resíduos biomédicos entre o pessoal de cuidados de saúde de alguns centros médicos importantes em Agra.

19 Sarma R.K., Mathur S.K (1998). Gestão dos resíduos hospitalares. Journal of Academy of Hospital, Administration, julho 1(2), 55-7.

20 Suess M.J., Huisman J.W(1983). Legal administrative requirements in management of Hazardous Waste, WHO Regional Publication No 14,25-35.

21 Organização Mundial de Saúde (OMS) (2000). Aide Memories for a National Strategy for Health - Care Waste Management, Genebra, Suíça.

Printed by Books on Demand GmbH, Norderstedt / Germany